U0052502

超能金小弟

❸ 無敵臭豆腐

目錄

噗里啪啪！

驚嚇！

你在收什麼？

讓自己成為 活用科學的人！

　　各位小朋友，你是否有過這些疑問──「為什麼要學這個？」、「這個知識在日常生活中派得上用場嗎？」

　　本書主角金多智也有相同的疑問，他是個好奇心旺盛的小男孩，每天都向爸爸、媽媽和老師提出各式各樣的問題。從多智提出的問題中，我們可以看到現代教育經常面臨的批評──學校總是教一些無法運用在現實生活中的知識。

　　在本書中，多智經常對生活中大大小小的事情提出疑問，例如燈泡裡的鎢絲為什麼用久了會燒掉？電池如何儲存和釋放電力？透過提出問題與尋找答案，讓多智學到應用在日常生活中的科學原理，這段過程稱為「創意的科學教育」。這種學習方式不僅跳脫制式的教育框架，同時融合了科技、工程等領域的知識，進而可能激發出嶄新的創意。

如今全球各領域都朝向「多元融合」發展，像是智慧型手機、平板電腦等產品，均結合了工程、科學等方面的技術，可說是「融合」的代表性產物，也讓我們的社會和生活有了極大的改變。

　　世界各國的教育也逐漸朝「多元融合」的目標發展，以臺灣近年興起的「跨學科教育（STEAM）」為例，即是結合科學（Science）、科技（Technology）、工程（Engineering）、藝術（Arts）和數學（Mathematics），不僅培養學生具備全方位的思考力，還能啟發創意性的問題解決力。以往的教育方式讓學生有如待在庭院裡的草地上學習，跨學科教育則是結合多個領域的知識，讓學生彷彿身處於廣闊的森林中探索，開闊視野、增廣見聞，得以不斷增進自己的能力。

　　如果想讓自己成為能活用科學，而不是被科學束縛的人，可以仿效本書主角金多智，對生活中的大小事都抱持好奇心。也許這樣你就能發現，科學不是寫在課本或考卷上的死板科目，而是與生活密不可分的趣味知識。希望大家都能成為充滿觀察力和想像力的人！

徐志源

超能力者vs錬金術士

我叫金多智，就讀冷泉國小四年級。班上同學都覺得我沒知識，加上我的成績很差，所以他們幫我取了「金無智」這個綽號。但是同學們都不知道，我其實是一名超能力者，而且超能力的種類還很多！

　　不過我不是天生擁有超能力，而是某一天，一顆小隕石掉在我們家的院子裡，我把它撿起來後，只要學到新的科學知識，就能擁有相關的超能力，譬如不小心把姐姐眉毛電焦的放電能力、可以被光穿過而變成隱形人、眨個眼睛就能發射紅外線來切換電視頻道，還有學到聲音的知識後就可以知道別人的想法。

　　可是我無法隨心所欲的使用這些超能力，雖然之前只要集中精神，就可以使出想用的超能力，救出受困火場的阿姨，但是面對突然出現的吳金順叔叔，無論我怎麼努力，超能力都無法降臨。

我叫金多智，今年10歲，是個有祕密的男人。

即使無法隨心所欲的使用，但是能擁有超能力就很厲害了！班上同學如果知道「金無智」其實是超能力者，肯定會嚇到發抖！

不過很可惜，根據我研究過的超級英雄共同點，如果被別人知道自己具有特殊能力是很危險的事，因此為了安全起見，我絕對不能讓別人知道我是超能力者，更不能讓大家知道，我就是之前從火場救出受困者的「紅衣超人」。

當我認真讀書，希望學到更多科學知識來得到有關的超能力時，一陣奇怪的味道飄進房間，讓我忍不住皺起眉頭。

難道爸爸又在做那件讓全家人都害怕的事了？我的天啊！

　　我走到廚房，發現流理臺上放著許多肉類和蔬果等食材，簡直可以用堆積如山來形容。看來爸爸今天也會和前幾天一樣，在廚房一待就是好幾個小時，直到用光食材，才會甘心放下鍋鏟。

　　「老公，你別再煮了！我們吃不完啦！」

　　「爸爸，我們家的冰箱快被你清空了！」

　　雖然媽媽和姐姐輪流阻止，但是爸爸絲毫不為所動，繼續全神貫注的煮菜，就像我在卡通和電影裡看過的，那些進行奇怪實驗的瘋狂科學家。

「你們快嚐嚐這道菜！」

爸爸得意洋洋的把一個盤子放上餐桌，我、媽媽和姐姐盯著盤子裡似乎是料理的東西，久久都說不出話來。

「這道菜的顏色好奇怪！為什麼這麼白？」

「這是什麼菜？怎麼所有食材都結成一團！」

媽媽和姐姐緊皺著眉頭，用筷子夾了一點菜，放進嘴裡品嚐。

「這是我特製的『豆芽菜義大利麵』。很多人因為怕胖而不敢吃麵條，所以我用含豐富維生素C和膳食纖維的豆芽菜來代替義大利麵。另外，現在很流行健康養生，因此我沒有調味，這樣能品嚐到豆芽菜原有的清甜。吃這道料理除了不會發胖，對健康也有幫助喔！」

相較於興高采烈講解料理作法和創作理念的爸爸，媽媽和姐姐慘白著臉，放下了筷子。

「豆芽菜根本無法代替義大利麵，它們的口感完全不一樣！而且沒有調味，也沒有其他配料，這不就是燙豆芽菜嗎？」

「為什麼有些豆芽菜因為太生而還有豆腥味和苦澀味，有些則是煮過頭而失去豆芽菜原有的脆度？明明是同時下鍋煮的！」

媽媽和姐姐不斷搖頭，拒絕再吃這道菜。看到她們的反應，沮喪的爸爸轉過頭，把最後的希望放在我身上。

　　看到爸爸期待的眼神後，我無奈的夾起豆芽菜，慢慢的放進嘴裡。

　　「怎麼樣？很好吃吧？」

　　我不知道怎麼回答爸爸的問題，因為就像媽媽和姐姐說的，真的很難吃。

　　「是不是覺得爸爸是天才廚師？」

　　雖然我不會下廚，不過能煮出這種料理，爸爸的確是另類的天才廚師。

　　「還可以。」

　　我不想讓爸爸難過，所以一邊咬著半生不熟的沒味道豆芽菜，一邊敷衍的回答。

　　爸爸因為我的話而非常開心。「爸爸煮了很多，你多吃一點！」

　　此時，我真的很希望自己能擁有吃不出任何味道的超能力，這樣即使爸爸煮的菜再難吃，我都可以大口吃下肚，不會傷了爸爸的心。

　　半生不熟的沒味道豆芽菜讓我吃得有點反胃，趁爸爸轉身時，我放下筷子，向媽媽提出疑問。

　　「媽媽，我們為什麼能吃出食物的味道？」

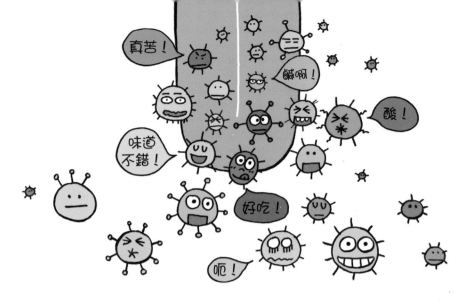

　　眼看爸爸不願意把廚房讓出來，媽媽嘆了口氣，轉頭回答我的問題。「我們的嘴巴裡有稱為『味蕾』的結構，光是舌頭上就有大約一萬個味蕾。當味蕾感受到食物時，會透過神經，把這個訊息傳到腦，我們就會產生味覺，也就是吃出食物的味道。」

　　媽媽果然是科學萬事通，不管我提出什麼疑問，她都能用簡單易懂的方式回答我。

　　爸爸又裝了滿滿一盤的豆芽菜給我，我只好努力的想東想西，分散自己的注意力，這樣應該能比較快吃完。

　　舌頭上大約有一萬個味蕾，應該很難讓它們都暫停運作。我記得腦是人體的指揮中心，所以絕對

不能動它的主意。那麼神經如果可以暫停運作，味蕾感受到的訊息傳不到腦，我就會吃不出味道，可以大口吃下這些豆芽菜了吧？小隕石能給我這樣的超能力嗎？

　　我一邊思考，一邊摸著褲子口袋裡的小隕石，此時，我突然覺得舌頭發麻，雖然很快恢復正常，但是沒一會兒，我就發現嘴裡豆芽菜的豆腥味和苦澀味都消失了！本來就沒有調味的豆芽菜變得和水一樣，沒有任何味道！

　　為了確認這不是自己的幻覺，我又吃了很多豆芽菜，還是一樣沒味道！看來小隕石真的給我吃不出任何味道的超能力了！

盡量吃，爸爸煮了很多！

謝謝小隕石。

我的肚子好痛。

「多智，是不是越吃越好吃？」

看到我大口吃菜的樣子，爸爸期待的問我。

「超好吃！」反正我吃不出任何味道，爸爸端出再難吃的料理我也不怕，乾脆趁機說善意的謊言讓他開心，這也是一種孝順。

我的回答讓爸爸信心大增，他繼續做出許多料理，美式漢堡、泰式酸辣湯、日式壽司、韓式烤肉……多虧超能力，我可以面不改色的把這些應該很難吃的料理全部吃下肚，讓爸爸對自己的手藝更有信心了。

爸爸突然開始下廚，是因為他想買最新的遊戲機，但是媽媽不答應。就在幾天前，爸爸發現附近的超市要舉行料理比賽，第一名的獎品就是他想要的遊戲機，於是爸爸的料理挑戰就此展開。

經過好幾天的「廚房之亂」後，終於到了料理比賽的日子。爸爸一早就精神奕奕的哼著歌，高興的跑來找我。

　　「多智，你要不要和爸爸一起參加比賽？」

　　我擔心比賽的結果會讓爸爸失望，還會讓我丟臉，正準備拒絕時——

　　「如果爸爸當上第一名，得到那臺新型遊戲機，我會給你每天兩小時免費玩遊戲的時間。如果姐姐想玩，你可以把這兩小時賣給她，向她收取每小時100元的費用。」

　　「那我就可以賺到200元！」

　　有遊戲玩，又有錢拿，我實在無法拒絕這樣的誘惑，於是我和爸爸一起穿上畫有小豬圖案的黃色圍裙，參加令我不安又期待的料理比賽。

　　雖然擔心爸爸煮的菜太難吃，被大家取笑會讓媽媽和姐姐出糗，但是在爸爸熱烈的邀請下，她們還是一起去了料理比賽的會場。

　　我們一家人抵達比賽會場時，已經有很多參賽者都在主辦單位設置的流理臺前就定位，準備大展身手。

　　看到對手這麼多，每個又都身懷絕技的樣子，我已經在思考之後要怎麼安慰沒拿到第一名和遊戲

這是我要做的料理。

……

豬肉蔬菜捲餅配泡菜

機的爸爸了。

　　我和爸爸也站到流理臺前，把在家裡準備好的食材一一拿出來，緊張的等待比賽開始。

　　爸爸要做的料理是豬肉蔬菜捲餅配泡菜，是用捲餅皮把煎熟的豬肉和新鮮的蔬菜包起來，再搭配能開胃和解膩的泡菜。

　　比賽一開始，爸爸先用刀子分別切好蔬菜和豬肉，再把豬肉放進鍋子裡煎，不過他非常緊張，點火時差點碰倒鍋子。

「好險沒事！」

雖然有驚無險的度過這道難關，但是沒一會兒，爸爸又犯錯了！原本應該把油倒進鍋子，他卻把水倒進去！

「糟糕！」

爸爸急著擦乾鍋子裡的水，結果不小心打翻鍋子，水因此流進攜帶式瓦斯爐裡，造成瓦斯爐故障，火怎麼也點不著。

「完蛋了！這樣豬肉就煎不熟了！」

媽媽說過，豬肉一定要烹調到完全熟透才能食用，因為豬肉容易帶有寄生蟲，如果人類吃下沒熟的豬肉，狀況輕微會拉肚子，嚴重可能會感染疾病，甚至喪命。不過只要烹調到全熟，豬肉中的寄生蟲就會被消滅，可以安心食用。

「怎麼辦？」爸爸看著被他搞砸的料理，大聲的嘆氣。

我無法坐視不管，因此不斷思考有沒有可以派上用場的超能力。

忽然間，我想起媽媽說過電能可以轉換成熱能，這樣應該

劈里啪啦！

可以把豬肉煎熟。於是我努力回想之前學的電學相關原理，希望超能力趕快降臨，讓我可以從手放出電。

過了一會兒，我感覺身體裡似乎有東西在流動，應該是超能力降臨了。於是我把雙手放在豬肉上方，腦中則回想能量的轉換和能量守恆定律，希望電能可以轉換成熱能。

當豬肉飄出陣陣香味時，我才把手收回來，爸爸也剛好看向豬肉。

「怎麼回事？豬肉怎麼熟了？」

「爸爸，你是不是看錯了？其實剛剛豬肉已經熟了吧！」

我理所當然的說著，讓爸爸也懷疑起自己的眼睛。

「真奇怪，豬肉含有名為肌紅蛋白的物質，煮熟前會讓豬肉呈粉紅色，煮熟後則呈灰褐色，我應該不會看錯才對，難道我該配老花眼鏡了？」

為了謹慎起見，爸爸夾起一塊豬肉試吃。我緊張的看著他，擔心利用電熱轉換的超能力所煎熟的豬肉不好吃，害爸爸再次沮喪。

沒想到爸爸竟然流下眼淚。「太好吃了！簡直是藝術品！」

我不相信爸爸的味覺，所以也夾了一塊豬肉試吃，結果真的超級好吃，和高級餐廳端出來的料理沒兩樣！

　　「哈哈哈！看來我真的是天才廚師！」

　　為了維護爸爸的自尊心，也為了守住我擁有超能力的祕密，我決定守口如瓶，不讓爸爸知道事情的真相。

　　「今天的料理比賽，獲得第一名的是……」

爸爸和我一起製作的豬肉蔬菜捲餅配泡菜，出乎意料的獲得了第一名！

　　「我竟然是第一名！」

　　人在這個世界上，有什麼能稱為「寶物」的東西嗎？我想「夢想」是其中之一吧！看到爸爸上臺領獎時，因為夢想實現，喜極而泣的樣子，讓我也非常高興。

　　我的夢想是什麼呢？我記得自己五歲時的夢想是當一隻恐龍，國小二年級時想當魔術師，國小三年級則立志當祕密機器人的駕駛員。

　　那我現在的夢想是什麼呢？答案是拯救世界、幫助人類的超級英雄。如果有人遇到困難，或是地球遇到危險，我會立刻換上超級英雄裝，變身為紅衣超人來完成任務。

　　料理比賽結束後，我們都以為如願得到遊戲機的爸爸不會再踏進廚房，沒想到爸爸竟然當著我們全家人的面，立下了一個誓言——

　　「我決定了！我要成為廚師！」

　　我、媽媽和姐姐都驚訝得說不出話來，無法想像未來的日子還要繼續忍受爸爸的難吃料理。爸爸則是在說完話後，又興致勃勃的跑進廚房煮菜。

　　從那一天開始，爸爸幾乎無時無刻都待在廚

房,烹煮各式各樣的料理。

爸爸幻想他能成為法式料理的廚師,每天都可以開著帥氣的敞篷跑車上下班。如果不是媽媽阻止,爸爸甚至打算立刻辭掉電器公司的工作,成為一名廚師。

　　「我終於找到想做的工作了！而且是最適合我的工作！我不用再被老闆罵、不用加班、不用為出差和會議做準備，更不用擔心產品出錯而提心吊膽的過日子！萬歲！」

　　看著高興得手舞足蹈的爸爸，即使他做的菜再難吃，我、媽媽和姐姐也不忍心說出真相。唉！有沒有哪一位科學家可以發明能判定料理美味程度的機器，幫我們說出心聲呢？

　　「多智，等爸爸成為廚師後，你就可以吃高級的法式料理吃到飽囉！」爸爸一邊揮動手中的鍋鏟，一邊對我說。

原來人只要找到想做的事，即使再辛苦，也會覺得很幸福。這是我看著最近的爸爸體會到的事。

　　即使如此，我還是不希望爸爸朝廚師之路邁進──因為他做的料理這麼難吃，一定會失敗呀！我真的不想看到爸爸受挫、灰心的樣子！

　　「爸爸，你真的想當廚師嗎？」

　　我坐在餐桌旁的椅子上，看著爸爸忙碌的身影，不安的問他。

　　「沒錯，我連餐廳的名字都想好了！用姐姐名字裡的『娜』，和你名字裡的『智』，取名為『娜智廚房』！聽起來是一間有美麗裝潢、好吃餐點的餐廳吧？」

　　我無言的看著爸爸，試圖用眼神表達我的強烈反對，不過他沒接收到我發出的訊號，轉身走向冰箱，興高采烈的準備研發新菜色。

　　家裡只剩下我和爸爸，姐姐去了圖書館，媽媽則到學校開會。

　　「我會在外面吃完飯再回家。多智，雖然爸爸煮的菜真的很好吃，但是你不能全部吃完，要留一些給我喔！」

　　媽媽和姐姐出門時，不約而同的對我說了一樣的話。當然，聰明的我知道，這並不是她們的真心

話，她們巴不得我把爸爸煮的菜吃光光。

爸爸把食材從冰箱拿出來，清洗、削皮、切成想要的大小後，一一放在料理秤重器上測量分量，看起來就像在做實驗的科學家。

「爸爸，我覺得你好像在做實驗。」

「煮菜本來就是一種科學實驗啊！」

「那廚師可以說是科學家嗎？」

「這麼說也沒錯，因為煮菜和科學的確有相似的地方。有了正確的材料、作法、溫度、時間等條件，還要完美搭配它們，廚師才能做出美味的料理。科學家也必須完美的搭配材料、作法、溫度、時間等條件，才能引導出正確的結論。」

當我在感嘆科學和煮菜竟然有異曲同工之妙的時候，心情很好的爸爸站在瓦斯爐前，突然唱起自己創作的歌。

很久、很久以前，
許多人相信可以用馬糞製造黃金。
於是他們在馬糞裡放入蛋黃，
再放入桂皮和尿，
用熱水咕嚕咕嚕煮了起來，
真的有發出黃光的東西跑出來了！

光是想像就覺得好噁心！不過多虧這麼生動的歌詞，我的腦海中立刻浮現出接唱的歌詞，於是我接著爸爸的歌聲，繼續唱下去。

味道真的很難聞，
鍋子裡發出難以想像的可怕氣味。
不過那些人沒有停下來，
他們放進黃色的東西，
因為這樣會發出黃色的光，
外觀看起來和黃金的顏色很像嘛！

　　我的接唱似乎讓爸爸更起勁了，他馬上接著我的歌聲，繼續唱。

不要感到驚訝喔！
他們是被稱為「鍊金術士」的人，
物理學家牛頓也是鍊金術士。
別瞧不起他們唷！
因為鍊金術士都是科學家。
我則是料理的鍊金術士，
要做出讓大家都讚嘆的美味料理！

我們開心唱歌的時候，爸爸也同時在煮菜。一唱完，爸爸就把一個碗公放在我面前。

　　「爸爸做了韓式拌飯喔！」

　　該來的還是來了！爸爸今天的料理會有多難吃呢？我決定不依靠超能力，先用自己的味覺挑戰！

　　把料理拿給我後，爸爸一副若有所思的樣子。

　　「韓式拌飯的特色是淋上滿滿的辣椒醬，但是照食譜做就太沒創意了，而且小朋友不能吃辣，還可以怎麼做呢？」

　　「改用番茄醬吧！小朋友可以放心的吃，而且外觀也是紅色的，吃下去才知道不是辣椒醬，有創意也有驚喜。對了，爸爸，你剛才說的鍊金術士，他們真的都是科學家嗎？」

　　我只是覺得有趣，才隨口說了番茄醬。發現爸爸沒有回答我的問題後，我抬頭一看，卻看到爸爸露出了恍然大悟的表情。

　　爸爸該不會把我的玩笑當真了吧？

　　我來不及阻止，爸爸已經端走碗公，在廚房發出乒乒乓乓的聲響。沒一會兒，韓式拌飯回到我面前，不同的是，在原本辣椒醬的辣味中，飄出了番茄醬的酸味。

　　看來爸爸不是重新做一次，而是在做好的韓式

拌飯中，直接加入大量的番茄醬。

「趕快吃吃看！」

我這就叫做「禍從口出」吧？又酸又辣的氣味刺激著我的鼻子，我忍住打噴嚏的衝動，輕輕撫摸褲子口袋裡的小隕石。

過了一會兒，感受到超能力降臨的預兆後，我雙眼緊閉，鼓起勇氣吃了一口。

「好吃。」

其實我根本吃不出任何味道。

老天爺，請原諒我又說了善意的謊言！為了孝順爸爸，我也是逼不得已！

不了解我真實想法的爸爸，還以為他真的做出美味又有創意的韓式拌飯而沾沾自喜。

從此以後，彷彿得到鼓勵似的，爸爸不斷研發新的菜色，我也不斷被迫品嘗那些奇怪的料理。

「這是爸爸絞盡腦汁研發的新菜色──爆米香奶油蓋飯。」

白色的米飯上，放了滿滿的白色爆米香，再淋上白色的奶油醬汁。

我終於明白料理節目裡的廚師為什麼經常為了好看，特地加上其他食材來點綴了──因為外觀不好看，會讓料理在送進嘴巴前，就讓人覺得沒食

慾，譬如我眼前這碗白白的東西。

爸爸自信滿滿的對我說：「酥脆的中式爆米香，搭配濃稠的西式奶油醬汁，一道料理有雙重享受，很厲害吧！」

在爸爸的注視下，我吃了一口。

甜的爆米香和鹹的奶油醬汁，這兩者無論是味道或口感，都沒有真正融合，就某方面來說，確實是「雙重享受」。對了，還有無辜又無味的白飯。

當我考慮要不要啟動超能力時，爸爸又端來一個杯子。

「爸爸還做了珍珠奶茶當甜點喔！」

爆米香和粉圓、奶油和奶茶，這個組合真是又油又膩！雖然有點排斥，但是相較於爆米香奶油蓋飯，珍珠奶茶或許不會太難喝，於是我放心的喝了一大口，然後當場愣住。

「怎麼沒有味道？」

「爸爸只用清水煮粉圓，奶茶也沒加糖，味道才比較淡吧！」

「這樣就能讓珍珠奶茶不甜嗎？」

「沒錯。粉圓煮好後，通常要用糖水浸泡或拌勻，但是為了健康，所以爸爸跳過這個步驟。」

這樣不是味道比較淡，而是根本沒味道啊！

因為擔心爸爸會沮喪，我沒有說出抱怨的話，但是我真的喝不下去。

　　我想，如果加入方糖，至少會有一點甜味，所以我從櫥櫃中找出方糖，放了兩顆到珍珠奶茶裡。

　　看著方糖慢慢沉到杯子底部，讓我的好奇心再度爆發。

　　「爸爸，方糖放進水裡都會沉下去嗎？」

　　「當然囉！」

　　「那為什麼冰塊可以浮在水上？它的形狀明明和方糖一樣。」

密度比水小的東西會浮在水上。

「大部分物質固態時的密度會比液態時大，但水不是，水的固態是冰，冰因為體積膨脹，使密度變小，所以才能浮在水上，這是水的性質之一。

湯匙會沉在水底，是因為它的密度比水大，而冰塊會浮在水上，則是因為它的密度比水小。」

「那麼手搖飲料裡的粉圓、椰果、布丁等食材，它們在水中會浮起來或沉下去，也是根據與水的密度大小比較來決定嗎？」

「沒錯，我們家多智真聰明，懂得舉一反三呢！好了，爸爸幫你解開了疑惑，那你可以幫爸爸品嚐料理了嗎？」

沒想到爸爸還記得這件事，我只好拿起筷子，繼續和又甜又鹹的爆米香奶油蓋飯奮戰。

我一邊吃爆米香，腦海裡又浮現其他疑問。

「爸爸，爆米香和白飯的原料都是稻米，為什麼它們的大小差那麼多？」

「這是壓力造成的。」

我放下筷子，跑到房間拿出筆記本和筆，再跑回廚房，準備記錄爸爸講解的內容。

絕對不是因為我不想吃爸爸的料理，真的是為了學習更多科學知識，我才能擁有新的超能力！

為什麼冰塊會浮在水上？

　　方糖等固態物質會沉入水底，冰塊也是固態，為什麼它能浮在水上？答案和物質的「密度」有關。

　　在說明密度是什麼之前，必須先了解體積和質量是什麼意思。體積是物體所占的空間大小，質量是物體內所含物質的多寡。另外，不管物體處於液態、氣態或固態，或是位在地球、月球等任何地方，它的質量都相同。

　　那密度是什麼呢？密度是物體每單位體積內所含有的質量大小，也就是把物體內的所有物質，分散到物體所占的空間中。爸爸說，可以想像把學生分散到同一間教室裡，這就是密度，學生越多，教室內越擁擠，也就是密度越大，相反的就是密度越小。計算密度的公式如下：

$$密度 = \frac{質量}{體積}$$

　　如果把密度較大的物質和密度較小的物質放在一起，密度較大的物質會沉到下方，密度較小的物質則浮在上方。譬如把油和水倒進同一個杯子，密度較大的水會沉到下方，密度較小的油則浮在上方。方糖放進水裡會沉到下方，是因為方糖的密度比水大。冰塊放進水裡會浮在上方，是因為冰塊的密度比水小。

　　下次喝手搖飲料時，觀察哪些食材在水中會浮在上方、哪些食材會沉到下方，就能知道它們與水的密度大小關係了！沒想到喝飲料也能學習科學知識，真是一舉兩得！

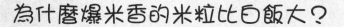

為什麼爆米香的米粒比白飯大？

「要爆了！」老闆大喊後，伴隨著「砰！」的一聲巨響，熱騰騰的爆米香就出爐了。爆米香的原料是稻米等穀物，為什麼同樣使用稻米，爆米香在出爐後，它的米粒會比我們吃的白飯大呢？

爸爸說，製作爆米香的機器是用厚重的鐵打造而成，把稻米倒進機器並鎖緊蓋子後，要將機器放在火爐上旋轉以均勻受熱。在加熱的過程中，機器內的溫度不斷升高、壓力不斷增大，米粒內的水分也不斷受熱，但是米粒因為壓力擠壓而無法膨脹。

當爆米香機器內的溫度和壓力到達一定程度時，必須打開機器，此時機器內的壓力會得到釋放，然而米粒內的壓力來不及釋放到外面，導致米粒內因為壓力突然降低，所以水分在瞬間轉為氣態，使米粒膨脹爆開，這就是爆米香出爐時會發出巨響，以及米粒比白飯大的原因。

爆米香機器內的壓力很大，可以讓放在裡面的稻米迅速熟透。爬山或健行時，經常在海拔比較高的地方煮飯，然而飯和菜都會比在平地時難煮熟，這是因為海拔高的地方的氣壓比平地低，氣壓越低、沸點越低，所以即使水因為到達沸點而沸騰，用來煮飯和菜卻都煮不熟，這也是壓力造成的現象。

媽媽有時煮菜會使用壓力鍋，它的原理其實和爆米香機器大同小異，也是藉由增加壓力，提高水的沸點，來加快烹煮的速度。我要把這招學起來，以後在海拔高的地方記得使用壓力鍋，就不怕吃到半生不熟的飯和菜了。

爸爸很想知道我吃他煮的菜會有什麼反應，因此一直坐在旁邊看我吃飯。

我找不到撫摸小隕石來發動超能力的時機，只好努力忍耐，有如機器般的把食物一口接一口送進嘴裡。

「爸爸特製的爆米香奶油蓋飯和珍珠奶茶好吃嗎？」

「好油膩喔！」

說完後，我自己都嚇了一跳，看來我應該是吃到無法思考了，竟然完全不在意爸爸的心情，直接實話實說。

「是嗎？和泡菜一起吃就不會覺得油膩了。」

我鬆了一口氣，幸好爸爸沒有因此難過。不過看到爸爸從冰箱拿出他上週親手醃的泡菜，我又覺得不安了──因為是爸爸做的，會不會也很難吃？

在爸爸期待的眼神下，我夾起一片泡菜，放進嘴巴裡。

「好酸！」

我被酸得整張臉都皺了起來。

雖然稱不上難吃，但因為是爸爸做的，泡菜才會這麼酸嗎？爸爸是不是有什麼魔法，能把所有料理都做得讓人難以下嚥？

「看來泡菜發酵得很好。」

爸爸也夾了一片泡菜吃，但是他好像完全不覺得酸，面不改色的大口吃著，讓我不禁懷疑爸爸是不是也因為超能力而失去味覺了。

當我被酸得說不出話時，爸爸告訴我，泡菜是為了長時間存放而經過發酵的食物，高麗菜、小黃瓜、大白菜等富含纖維素的蔬果，都可以製作成泡

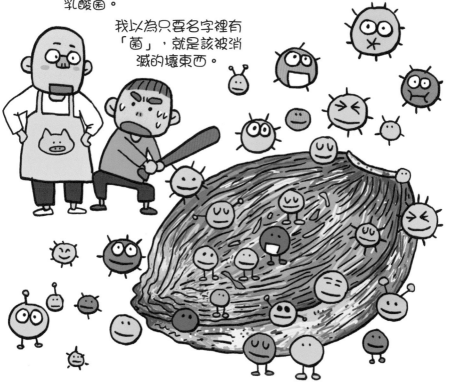

有些細菌是對人體有益的好菌，譬如泡菜裡的乳酸菌。

我以為只要名字裡有「菌」，就是該被消滅的壞東西。

菜，每個國家、地區，甚至是家庭，都有各自的材料和作法。此外，泡菜含有豐富的乳酸菌，可以幫助腸胃消化，很適合作為料理的配菜。

「發酵是微生物對蔬果和調味料進行分解的過程，泡菜也經過發酵，因此具有獨特的風味。」

爸爸一邊喀滋、喀滋的吃著泡菜，一邊教我科學知識。

「微生物是什麼？」

「微生物是難以用眼睛看到的微小生物，包括病毒、細菌、藻類等。泡菜裡含有的乳酸菌，就是細菌的一種，也是一種微生物。」

說到細菌，我只會聯想到生病，於是我皺著眉頭問爸爸：「乳酸菌是細菌？那人類吃了會不會生病？」

爸爸笑了笑。「不是所有細菌都會讓我們生病，甚至有不少細菌其實對人體有益。乳酸菌是最具代表性的好菌之一，不但可以幫助腸胃消化，還可以用來製作好喝的優酪乳。」

吃完爆米香奶油蓋飯和珍珠奶茶後，我挺著圓滾滾的肚子走到客廳，卻發現桌上削好的蘋果變成褐色了。

「爸爸，蘋果好像受傷了。」

我把蘋果拿到廚房給爸爸看。

「這種情況叫做褐變，蘋果、香蕉、番薯等蔬果，都含有名為『多酚』的物質，它會被空氣中的氧所氧化而變成褐色，果肉也因此呈現褐色。缺乏多酚的蔬果不會發生褐變，像是草莓、紅蘿蔔、空心菜等。

即使因為褐變而顏色改變，蔬果還是可以吃，只是風味和營養價值或多或少會受到影響，所以最好在發生褐變前食用。」

爸爸一口吃下我拿給他的蘋果。

「對了，蔬果在成熟的過程中，會釋放名為『乙烯』的氣體，其中又以蘋果釋放的量最多，最好和其他蔬果分開保存。」

「為什麼？」

「因為乙烯會促進蔬果成熟，蔬果若是過熟，味道會受到影響。相反的，如果想讓還沒成熟的青色香蕉，趕快變成代表熟透的黃色，只要把它放在蘋果旁邊，就可以加快成熟的速度。」

回答完我的問題後，爸爸依然寸步不離待在廚房，看來會和之前一樣，直到冰箱裡沒有食材可以使用，他才會甘願離開。

我回到客廳，用遙控器打開電視，新聞節目正

在播放快報。

「今天中午，臺北市的○○銀行發生一起搶案。警方表示，搶匪的作案手法仍在調查中，但是經過初步蒐證，發現這起事件與之前幾起搶案有相似的地方，包括同樣是在銀行的非營業日入侵金庫來盜取現金，以及監視器同樣有拍到犯人的身影，因此不排除與之前幾起搶案是同一名搶匪。」

唉！那個能穿過牆壁的銀行搶匪還沒被警察抓到啊！

即使警察布下了天羅地網，甚至來到我們學校，請老師和同學提供線索，但是到現在都沒有抓住那個搶匪。

有傳聞說那個搶匪其實不是人，而是外星人或幽靈，導致大家都很不安，熙珠還害怕得哭了。

但是叫做吳金順的叔叔和我說過，搶匪是普通的人類，不是外星人或幽靈。

那就沒什麼好怕了！我握緊拳頭，下定決心——我一定要把那個可惡的搶匪抓起來！我以紅衣超人的名義發誓！

不過，銀行搶匪應該有武器吧？如果我真的要和他對決，我也必須準備專屬於我的特殊道具，才能抓住他。

當我思考可以用什麼東西作為道具的時候，我突然聞到一股強烈又刺激的味道，讓我的頭一陣暈眩。

我捏著鼻子，走向味道的來源——廚房。

「爸爸，這是什麼味道？」

「榴槤啊！我想用它做出與眾不同的創意料理。」

「我們家怎麼會有榴槤？好臭喔！」

「我今天早上特地去水果行買的。不過我覺得不臭啊！看來你鼻子裡的嗅細胞比爸爸多。」

爸爸說，人類的鼻腔上方有一個稱為嗅覺上皮的組織，嗅細胞就位於這個組織中。眾多的嗅細胞

組成了嗅神經，再把聞到的氣味訊息傳到腦，這個過程就是「嗅覺」。

「小狗的嗅覺上皮組織有很多皺褶，攤開後的表面積比較大，大約是人類的30倍，嗅細胞的數量更高達人類的50倍左右，所以小狗的嗅覺能力比人類強。」

爸爸接著和我說明鼻涕和鼻屎的由來。鼻涕是鼻子中的細胞所分泌的黏液，功能是保護呼吸道。當鼻涕碰到空氣中的微粒，它會在微粒周圍變乾、變硬，就形成了鼻屎。

鼻涕和鼻屎都是人體正常的生理現象，如果會影響呼吸，可以把它們摳出鼻子，但是不能太用

力，否則會讓鼻子受傷。

教了我這些科學知識後，爸爸回到流理臺前，繼續和砧板上的榴槤奮戰。

我不敢問、也不敢想像爸爸要用榴槤做什麼料理，更不願面對那道料理可能是我必須吃下肚的。我捏著鼻子，只想盡速逃離這個榴槤氣味最濃的地方。

當我回到房間時，不知道是榴槤的氣味已經散掉了？還是我已經習慣這個氣味？總之，我拿出筆記本，趕快寫下剛才爸爸教我的科學知識。

如果小隕石可以讓我的嗅細胞數量變多，我說不定能擁有比小狗更厲害的嗅覺能力！不過這個超能力可以用來抓住銀行搶匪嗎？還是只能讓我更容易聞到榴槤的味道？

為什麼聞久了就不覺得臭?

　　我們能聞到氣味,是因為鼻子裡的嗅細胞被氣態的化學物質所刺激,再把這個訊息透過神經傳到腦,這個過程就是我們的「嗅覺」。嗅細胞如果反覆被同樣的氣味刺激,會產生讓我們聞不到這個氣味的現象,稱為「嗅覺疲勞」。

　　其實嗅覺疲勞是我們的身體為了保護自己,避免神

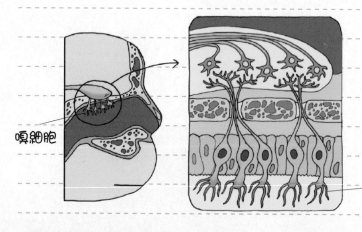

嗅細胞

嗅細胞

經系統的負擔太大，因此針對沒有危險性的氣味所產生的機制。譬如在廁所待久了就不覺得臭、一直待在花店會聞不出香味，或是聞不到自己身上的香水味或汗臭味等，都是嗅覺疲勞造成的現象。發生這種狀況的時候，只要離開一下再回到原地，就能重新聞到氣味。

如果把吃過的口香糖放進冰箱，過一段時間再拿出來吃，會覺得像新的口香糖一樣有甜味，為什麼呢？原因也出在嗅覺疲勞。

鼻子因為嗅覺疲勞而聞不到氣味時，由於鼻子和口腔有很密切的關係，連帶著嘴巴也嚐不出甜味，此時就覺得口香糖已經沒味道了。把吃過的口香糖放進冰箱，過一段時間再拿出來吃，因為嗅細胞已經恢復活力，才會覺得口香糖吃起來像新的一樣散發甜味。

從百科全書上查到這些關於嗅覺的科學知識後，我才知道房間裡的榴槤氣味不是散掉了，是因為我聞久了而產生嗅覺疲勞，所以聞不到那股獨特的臭味。那我暫時不能離開房間，否則待會兒回來，嗅細胞恢復了活力，我又聞得到榴槤氣味，那就糟了！

人類能製造出黃金嗎？

錬金術士：alchemist

化學家：chemist

我發現一件很神奇的事！化學家的英文是「chemist」，拼法和錬金術士的英文「alchemist」很像耶！難道那些想用馬糞製造黃金的錬金術士們，雖然沒有成功製造出黃金，卻意外變成化學家嗎？

我翻閱了百科全書，發現錬金術最早可以追溯到西元前三世紀的埃及亞歷山卓，當時的人們認為，透過錬金術可以把普通金屬變成黃金、將不完全變成完全、使不幸的社會變成幸福的社會。直到 19 世紀現代化學出現前，美索不達米亞、古埃及、波斯、印度、中國、日本、朝鮮、古希臘和羅馬、穆斯林文明及歐洲等地，都有錬金術士們的足跡，可以說是遍布全世界。

我還發現鍊金術士們都有相同的目標：只要擁有「賢者之石」，就能把所有物質自由變成自己想要的物質。

　　據說，賢者之石是能將一切化為可能的魔法物質，可以製造黃金和長生不老藥、醫治百病等。種種神奇的傳聞，讓鍊金術士們都以製造出賢者之石為目標。鍊金術士們認為賢者之石的主要材料是汞和硫，再搭配不同作法和其他材料，希望製造出效果各異的賢者之石。

　　為了製造出黃金和賢者之石，鍊金術士們應該做了很多實驗，過程中可能會發現全新的物質，或是出現意想不到的結果。

　　雖然鍊金術士們沒有成功製造出黃金，但是他們付出的努力，造就了我們現在學習的科學。我要好好感謝鍊金術士們，沒有他們，我就無法學到科學知識，也無法擁有超能力和變身成為友超人了。

奇怪的 機器人爺爺！

「有黃金！」

一覺醒來，我的棉被變成黃金，床鋪也變成黃金，房間裡所有的東西都變成黃金了！

難道是因為聽完爸爸告訴我的鍊金術士故事，所以製造黃金的超能力降臨到我身上了？

萬歲！我變成有錢人了！

爸爸、媽媽和姐姐看到我閃閃發光的黃金房間後，都驚訝得合不攏嘴。

我立刻和家人們分享這個好消息：被我摸到的東西都會變成黃金喔！

爸爸、媽媽和姐姐聽到後，立刻拍手叫好。

「多智，幫媽媽把假髮變成黃金製的吧！」

「多智，爸爸好想穿黃金製的皮鞋啊！」

「多智，幫姐姐把髮夾變成黃金製的吧！」

我用手輕輕一摸，爸爸、媽媽和姐姐的願望都實現了。

「哈哈哈！我是全世界最有錢的人！有了這個超能力，我就能擁有用不完的黃金！想要的玩具、想吃的美食、想穿的衣服和鞋子，不管什麼都買得到！」

想到能成為大富翁，我們一家人都非常高興，但是這份喜悅卻非常短暫……

我用手拿麵包吃，麵包就變成黃金。桌上的碗筷和盤子、媽媽準備的水果，甚至是水龍頭流出來的水，只要被我碰到，所有東西都變成了黃金。

　　「我的肚子好餓！口也好渴！怎麼辦？」

　　我向爸爸、媽媽和姐姐求助，但是在我碰到他們的瞬間，他們立刻變成了黃金雕像！

　　「救命啊！我不要這種超能力！」

　　我從床上坐起來，驚魂未定的摸著胸口，過了一會兒才冷靜下來。

　　幸好是做夢！可是，如果我真的想成為鍊金術士，小隕石說不定會給我這種超能力！

　　太可怕了！我才不要！

　　就像卡通和電影裡，很多反派角色都是因為無法控制自己強大的力量，或是因想法一時偏差，才會誤入歧途。所以在學習科學知識的同時，我也要堅定自己的信念，一定要在正確的時間和地點使用超能力，而且要用來拯救世界和幫助人類，絕對不能為了自己而使用。

　　早上醒來後，我下意識的看了四周，發現房間一如往常，沒有任何東西變成黃金，我才鬆了一口氣，準備進行每天都要做的練習。

　　我剛成為超級英雄「紅衣超人」沒多久，還有

很多要加強的地方。今天要做的練習是鋼鐵人、蝙蝠俠、蜘蛛人等超級英雄都擁有的能力，那就是快速換裝。

如果有緊急狀況需要變身為紅衣超人時，我必須換上由紅色衣服、褲子和面罩所組成的超級英雄裝，才能隱藏我的真實身分。

如果花太多時間在換衣服上，任務會被耽誤，所以我要多練習，讓換超級英雄裝的速度更快，紅衣超人才能即時帥氣登場！

換裝練習開始！

哇！褲子絆到腳了！

啊！衣服前後穿反了！

　　咦？面罩不是有剪開讓眼睛看得到的兩個洞嗎？跑哪兒去了？

　　花了很長一段時間，我好不容易才換上全套的超級英雄裝。

　　「唉！我還要再加油啊！」

　　忽然間，我從鏡子裡看到姐姐站在我的房間門口，眉頭緊皺的看著我。

　　「你在玩時裝秀的扮家家酒嗎？」

　　「才不是！」

　　「爸爸在找你。我要去上學了，早餐會在外面吃，爸爸的料理就交給你了。」

「你怎麼可以逃走！」

雖然想攔住姐姐，但是我必須先整理好重要的超級英雄裝。

等我整理好，姐姐已經出門了，連媽媽也反常的一大早就去上班，家裡又只剩下我和爸爸，看來今天也只有我吃爸爸煮的奇異料理。

「我吃飽了。」

我從椅子上站起來，褲子的鈕扣竟然「砰！」的一聲飛出去！看來我吃太多爸爸煮的菜，整個人都胖了一圈！

我想起卡通和電影裡，那些身材健美、肌肉發達的超級英雄們，再看著自己越來越大的肚子，讓我突然覺得好丟臉！再這樣下去，我就穿不下超級英雄裝了！

上學途中，我一直在思考阻止爸爸繼續下廚的方法，回過神時，我已經走進學校裡，剛好遇到熙珠。

「早安。」

「早……嗝！」

我可能吃太多爸爸煮的青椒紅蘿蔔炒飯了，所以才會打嗝。

「對不……嗝！」

「沒關係。」

雖然熙珠笑著回答，我卻透過超能力，知道了她真正的想法——

真沒禮貌！

不行！我要趕快挽救我的形象！

「引發打嗝的原因有很多，包括吃太多、吃太快，或是吃東西時吸入太多氣體，因此發出奇怪且難以控制的聲音。其實打嗝和放屁一樣，是人體很自然的生理現象，不用大驚小怪。」

我向熙珠說明打嗝的原因，想讓她知道我不是故意做出這麼沒禮貌的舉動，因為打嗝是難以控制的生理現象。

聽完我的說明後，熙珠很驚訝的看著我。雖然

熙珠沒有說話，不過超能力讓我知道了她內心的想法——

金多智越來越聰明了！

正當我因為被熙珠誇獎而洋洋得意時，討厭鬼江泰烈卻跑來搗亂。

「金無智，你的意思是打嗝就像用嘴巴放屁嗎？」

「不是啦！我是說打嗝和放屁一樣，是難以控制的人體生理現象！」

「哈哈哈！金無智會用嘴巴

放屁！」

江泰烈根本不聽我的解釋，一直取笑我。

我這樣做應該會讓熙珠討厭金多智吧？最近熙珠看金多智的眼神很不對勁，我必須想辦法讓他們的關係變差！

這應該是江泰烈的想法透過超能力，進入了我的腦袋。原來他也喜歡熙珠，因此故意取笑我。

不過我早就透過超能力，知道熙珠喜歡的是我，所以我不打算理會江泰烈。但是──

「金無智，你最近好像豬喔！」

「什麼意思？」

「因為你變胖啦！」

江泰烈這句話讓我受到很大的打擊！沒多久，我又受到更大的打擊，因為我透過超能力，發現熙珠竟然也這麼想！

不行！我一定要想辦法讓爸爸別再煮菜，否則我的身材會變得圓滾滾，成為史上第一個行動緩慢的超級英雄！

放學回家的路上，我想了很多阻止爸爸下廚的方法，卻沒有一個可行。此時，我發現前面有一位奇怪的爺爺。

那位爺爺戴著一頂有天線的帽子，左手像是用

鋼鐵製成的機器。他四處翻找路邊等待資源回收的物品，把當中的電線和電子零件拿起來，並放到一旁的拖車上。

就在這個時候，我看到爺爺用那隻機器左手拆下了冰箱的門。

這次改造的效果不錯，拆冰箱的門根本是小事一樁！下次試著舉起汽車吧！

爺爺的想法透過超能力，進入我的腦袋了嗎？正當我驚訝於爺爺的機器左手竟然是自己改造而成的時候——

你是誰？你是怎麼進入我腦海裡的？

這是在和我對話嗎？爺爺發現我知道他的想法了？為什麼他會發現？

爺爺生氣的左看右看，似乎在找到底是誰進入他的腦中。

為了避免被爺爺發現，我趕緊跑走，尋找可以躲起來的地方。

到底在哪兒？竟然沒經過我的同意，擅自進入我的腦海裡！

如果被我抓到，絕對不會放過你！

　　冤枉啊！我無法選擇要或不要知道別人的想法，這個超能力每次都是突然降臨，導致我被迫知道別人的想法，我是無辜的啊！

　　雖然我想趕快離開，但是仔細一看，我竟然跑進死巷子，無處可逃了！

　　喀噠！喀噠！

　　爺爺沉重的腳步聲逐漸逼近，我緊張得握緊雙手，希望小隕石趕快發威，賜給我可以翻越圍牆的超能力。

喀噠！喀噠！

爺爺的腳步聲越來越近了！眼看超能力沒有降臨的跡象，我只好用力一跳，抓住高高的圍牆邊緣，但是我的臂力不夠，無法爬到圍牆上方，我拼命掙扎，卻只能「掛」在圍牆上。

此時，突然有人抓住我的腳踝。

「哇啊啊啊！」

我嚇得放開手，從圍牆上掉下來，一屁股坐在地上。回頭一看，抓住我的是那位爺爺。

爺爺放開我的腳後，一直默默的看著我。雖然爺爺沒有張開嘴巴說話，我卻能透過超能力知道他的想法。

進入我腦海裡的人就是你吧！你是誰？為什麼擁有這種能力？難道你是機器人？

「我不是機器人！我是就讀冷泉國小四年級的金多智！我是超能力者！」

我下意識回答了爺爺腦袋裡的疑問，然後才發現大事不妙——這樣等於承認我就是進入他腦海裡的人！

「哈哈哈！真是個可愛的小朋友！」

爺爺的笑聲讓我鬆了一口氣，看來他不是壞人。這時候，我發現爺爺不只左手，雙腳也是用鋼

鐵製成的機器。

「爺爺，你是人嗎？還是機器人？」

「我是人，不過身上有很多地方都是用機器製成的義肢。」

爺爺微笑著，接著伸出機器左手，讓我抓住他的手並站起來。

「歡迎你有空到我的研究所參觀。」

爺爺拿了一張名片給我，上面寫著「S博士的機器研究所」，背面則畫著研究所的地圖。然後爺爺就拉著拖車離開了。

我決定改天去參觀爺爺的研究所，因為他聽到我說自己是超能力者後，竟然一點也不驚訝，也沒有以為我在開玩笑，說不定爺爺對超能力或小隕石有某種程度的了解，那他應該能幫我成為一名更厲害的超級英雄。

我開心的回到家，但還沒打開大門，就聞到家裡傳出濃濃的燒焦味，於是我趕緊衝進客廳並大聲喊叫。

「我們家為什麼有燒焦的味道？」

爸爸從廚房探出頭，害羞的對我說：「因為爸爸不小心把麵包烤焦了。」

我走到廚房，發現餐桌上有一團和木炭一樣黑

　　漆漆的物體。我好奇的用筷子戳了幾下，那團物體就迅速分解，變成一堆黑漆漆的粉末。

　　看來爸爸不只能把料理做得讓人難以下嚥，做到「根本不能吃」對他而言，應該也是輕而易舉。

　　「爸爸，烤焦的麵包為什麼是黑色的？」

　　「麵包裡的澱粉是碳水化合物的一種，碳水化合物通常由碳、氫和氧三種化學元素所組成，由於

它含有的氫和氧的比例，和水一樣是二比一，所以稱為碳水化合物。

「如果溫度過高，碳水化合物中的氫和氧會結合成水並蒸發到空氣中，只剩下黑色的碳原子，這就是麵包烤焦會變成黑色的原因。」

「化學元素是什麼？」

「你學過原子的組成，裡面有中子、電子和質子，化學元素則是質子數量相同的原子的總稱。」

「以前媽媽教我玻璃的製程時，有提到玻璃雖然是固態，但是它的性質比較接近液態，是『各分子間的原子只有部分連結』。爸爸，原子和分子到底有什麼不同？」

超能力小筆記

原子和分子有什麼不同？

　　我以前學過，世界上所有物質都是由原子組成，原子則是由原子核和帶負電荷的電子組成，原子核裡還有帶正電荷的質子與不帶電荷的中子。

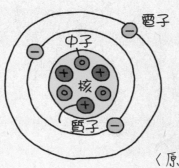

〈原子的構造〉

那分子是什麼呢？分子是由一個或多個原子組成，它是具有物質特性的最小粒子。譬如水分子是由兩個氫原子和一個氧原子組成，氫原子和氧原子都不具有「水」這個物質的特性，只有水分子才具有物質的特性。

不過爸爸說，有些原子也能表現出物質的特性。像是之前媽媽教我鎢絲燈泡的構造時，提到燈泡內會填入很難進行氧化反應，能減緩鎢絲燒斷速度的氦、氖、氬、氪、氙、氡等惰性氣體，它們就是以一個原子的形式存在於自然界，並且具有物質的特性，稱為「單原子分子」。

爸爸說，原子和分子的關係是很基礎的概念，我要趁現在學會它們，先打好基礎，以後學習更高深的科學知識時，就能得心應手了！

教完我原子和分子有什麼不同後，對麵包烤焦這件事完全不在意的爸爸，很快就重振精神，興致勃勃的準備再烤一次麵包。

爸爸從冰箱和櫥櫃拿出了麵粉、砂糖、奶油等製作麵包的材料，正準備用料理秤重器測量分量的時候，我聽到家裡大門打開的聲音，緊接著是媽媽幾乎要掀翻屋頂的尖叫聲。

「我們家為什麼有燒焦的味道？」

媽媽急急忙忙來到廚房，看到那團黑漆漆的物體和粉末，以及又髒又亂的流理臺和餐桌後，臉上像掛著三條線，她似乎有很多話想對爸爸說，但都忍了下來，努力的擠出笑容。

「老公，麵包烤焦肯定讓你很難過，你休息一下，今天的晚餐就交給我吧！」

「可是……」

為了讓爸爸圓夢，最近一直放任爸爸在廚房「大展身手」的媽媽，終於忍無可忍，委婉的對爸爸下了逐客令。

原本興高采烈想再烤一次麵包的爸爸，被媽媽這麼一說，只好失望的離開廚房。

雖然媽媽嘴上說著安慰爸爸的話，但是我透過超能力，知道了媽媽真正的想法——

　　拜託你趕快走，而且不要回來！廚房已經被你搞得亂七八糟了！

　　雖然覺得爸爸垂頭喪氣的背影看起來有點可憐，不過如果讓他繼續下廚，我的身材和消化系統會更可憐，所以我立刻和媽媽站在同一陣線，一起目送爸爸離開廚房。

由於爸爸每次走進廚房，一定要把冰箱裡的食材全部用完，才願意離開，因此媽媽再次走進廚房的第一件事，就是打開冰箱，確認還有哪些食材可用。

　　「只剩下四顆雞蛋、一顆高麗菜和兩條紅蘿蔔了。」

　　幾乎空蕩蕩的冰箱讓媽媽苦惱的皺起眉頭，不過她沒有停下腳步，迅速整理爸爸留下的「傑作」。她把該收拾的材料、該清洗的用具全部整理完畢後，廚房立刻變得煥然一新。

　　不愧是媽媽，動作快又俐落！最近一直被爸爸折磨的流理臺，和只有我獨自忍受吃著飯的餐桌，立刻恢復了以往的整潔。

　　看著乾淨整齊的廚房，媽媽滿意的點點頭，才開始準備今天的晚餐。看來即使食材很少，身為料理高手的媽媽也已經想好要煮什麼菜了。

　　我鬆了一口氣，彷彿能聽到我的身材和消化系統正在歡呼，高興的慶祝它們終於不用再忍受爸爸煮的菜了。

　　此時，原本躺在沙發上，一直呆呆看著重播過幾百萬次綜藝節目的爸爸，下定決心似的，突然從沙發上跳起來，接著握緊拳頭，快步走進廚房。

　　「老婆，我怎麼想都覺得不行！我一定要再烤
一次麵包！」

　　似乎沒想到爸爸竟然敢再踏進廚房，媽媽的眼
睛因為驚訝和生氣而睜得又大又圓，臉上硬擠出來
的笑容也很僵硬。

　　「老公，你去休息吧！」

　　「但是……」

　　「我再說一次，請你去休息！」

　　「不過……」

　　「你……」

眼看爸爸一直不放棄，被氣到說不出話的媽媽突然高高舉起手中握著的雞蛋，手臂也用力到發抖，感覺那顆雞蛋下一秒就會破掉。

　　這個景象讓我非常不安，因為雞蛋如果破掉，我的晚餐就泡湯了！

　　不行！那顆雞蛋是我這幾週以來，能吃到的最正常的食物了！我不想再吃爸爸的奇異料理了！拜託媽媽手下留「蛋」啊！

　　我擔心的一直盯著雞蛋，祈禱它平安無事，不過即使媽媽使出了很大的力氣，雞蛋卻始終沒有被握破。

真奇怪！明明雞蛋不小心掉到地上就會破掉，為什麼現在似乎很堅硬，不管媽媽怎麼用力握住都不會破呢？

用力握著雞蛋的媽媽，和因為害怕而動彈不得的爸爸，在僵持了一會兒之後，媽媽才冷靜下來，慢慢把手放下。

呼！我的晚餐得救了！

「還好媽媽的力氣很小，雞蛋才沒破。」媽媽害羞的笑了笑。

我滿臉疑惑的看著媽媽。「可是我看過媽媽在做家事的時候，手臂的肌肉像健美選手一樣鼓起來，甚至只用一隻手就能抬起沙發來拖地，所以媽媽的力氣應該很大才對。」

媽媽正準備和我解釋，爸爸卻在此時插話。

「老婆，放心吧！多智說得對，你的力氣很大，是個不折不扣的大力士！只不過用一隻手不容易握破雞蛋。」

我看到媽媽的臉色大變，雖然想警告爸爸別再亂說話了，但是我對雞蛋的好奇心更勝一籌，於是轉頭詢問爸爸。

「爸爸，為什麼用一隻手不容易握破雞蛋？」

「雞蛋是圓弧形，當外來力量施加在蛋殼上的

時候，弧度會把力量分散到其他地方，使整個蛋殼均勻承受力量，所以用一隻手不容易握破雞蛋。母雞孵蛋時，蛋不會破掉，也是這個原因。

由於具有能把被施加的力量均勻分散到其他地方的特性，因此圓弧形經常運用在建築物的設計上，藉此承受更大的力量，譬如古羅馬水道上的橋梁支柱、伊斯蘭教的清真寺頂端等。」

伊斯蘭教的清真寺

古羅馬水道上的橋梁

「原來我幾乎每天都會吃的雞蛋，具有這麼神奇的構造！」

如果我能和雞蛋一樣，可以把被施加的力量均勻分散到身體其他地方，這樣即使在執行任務時被攻擊，我也不會受傷，那該有多好！

這時，我耳邊傳來奇怪的聲音。

砰！

媽媽把手中的雞蛋用力丟到從櫥櫃裡拿出麵粉的爸爸身上。

　　「給我出去！別再進來廚房了！」

　　唉！我的晚餐泡湯了！

　　都怪爸爸說媽媽是大力士，而且又想烤麵包，把媽媽氣到火山爆發了！

　　如果繼續待在家裡，爸爸和媽媽之間的戰火一定會延燒到我身上！

　　「爸爸、媽媽，我突然想起和同學有約，我要出門了！」

　　不等爸爸和媽媽回答，我立刻回房間拿了背包，就急急忙忙的跑出家門。

「真是的！明明是爸爸做的好事，為什麼我要一起受罪呢？」

我漫無目的的走在街上，忽然間，我看到前方的轉角處有幾個小朋友在玩耍，他們頭上有個花盆被風吹得搖搖晃晃，彷彿下一秒就會掉落。

看到這個緊急狀況，我決定變身為紅衣超人，於是趕緊跑進附近的無人小巷子，打算換上我的超級英雄裝。

可是一打開背包，才發現我離開家裡時太匆忙了，竟然忘了帶面罩！難道我這個超級英雄的真面目就要被世人看見了嗎？

我環顧四周，想找找看有沒有能代替面罩的東西，結果路邊剛好有一個黑色塑膠袋。

我把黑色塑膠袋套在頭上，戳出兩個讓眼睛看出去的洞之後，就奔向那幾個小朋友所在的地方，花盆也在此時掉了下來。

「小心！」

我用整個身體保護那幾個小朋友，同時讓自己的身體呈現和雞蛋一樣的圓弧形，希望這樣做能多少減輕一點傷害。

砰咚！

花盆掉在我的背上，碎片還四處飛散，不過神

奇的是，我的背完全不覺得痛，只有被羽毛搔過癢的感覺。

看來學會雞蛋中的科學知識後，我擁有了新的超能力——我可以和雞蛋一樣，把被施加的力量均勻分散到身體其他地方，所以不會受傷。

小朋友們不約而同的抬起頭來看我。

「謝謝你救了我們。」

「你是誰？」

「你為什麼戴著黑色的塑膠袋？」

我想都沒想，直接脫口而出。

「不客氣，因為我是『紅衣超人』！」

因為擔心引來其他人圍觀，沒等那些小朋友們做出反應，我就迅速離開，回到剛剛的無人小巷子，換下超級英雄裝，再把幫了大忙的黑色塑膠袋也收進背包裡。

　　嘿嘿！我又完成任務了！

　　心情很好的我走到另外一條路上時，看到銀行附近有很多警察，門口則有許多人在排隊。

　　我好奇的問了一位正在排隊的叔叔，原來大家是怕那個會穿過牆壁的銀行搶匪把錢偷走，所以即使排再久的隊伍，也要把自己的錢領出來。

　　「大家好，我們銀行已經受到警方萬全的保護，各位的存款很安全，不用急著把錢領出來。」一位自稱是

銀行保全人員的叔叔，大聲的向排隊的人喊話。

此時，有一個人的想法突然透過超能力，跑進我的腦袋裡。

警察真多！沒關係，反正他們絕對抓不到我！

這個聲音很耳熟，是我之前在另一間銀行附近遇到的搶匪！

門口似乎有一大堆人在排隊領錢，不過排再久也沒用，因為從現在開始，我就要把你們的錢全部偷光！

我趕緊跑去找保全叔叔，抓住他的手並大喊：「叔叔，銀行搶匪出現了！」

「什麼？」

聽到我說的話後，排隊的人都很驚慌，保全叔叔急忙向大家喊話。

「沒有這回事！警方已經在我們銀行布下天羅地網，連一隻老鼠都進不去！」

「我說的是真的！」我心急的大吼。

一群傻瓜！錢已經被我偷光了，你們就繼續排隊吧！

我緊張的環顧四周，發現有一個全身都是黑色裝扮的人，正緩緩的往銀行的反方向走。

就是他！他的打扮和之前一樣！

「那個人把錢都偷走了！」我指著那個黑色裝扮的男人。

「小朋友，你別再開玩笑了！」

「如果不相信，你們就去金庫看看呀！」

雖然保全叔叔認為我是在惡作劇，但是為了慎重起見，他還是請人進入金庫查看。沒一會兒，對講機傳來的話讓保全叔叔的臉變得很蒼白，看來金庫裡的錢確實都被偷走了。

在保全叔叔詢問金庫狀況的這段期間，我一直注意搶匪的行蹤，不過他可能又穿過牆壁了，竟然瞬間消失在我眼前。

在我準備去找搶匪的時候，幾位警察叔叔突然將我團團圍住。

「小朋友，你為什麼知道金庫裡的錢被偷了？」

我急著找搶匪，所以不假思索的說出：「因為我能知道銀行搶匪的想法啊！」

警察叔叔們聽到我的話後，紛紛露出不屑一顧的表情。

「原來如此。我們還有事要忙，你去其他地方玩吧！」

看來就和我以前想得一樣，大人總是把小朋友

　的話當成玩笑，保全叔叔和警察叔叔也不例外，不僅沒把我說的話當真，也沒打算去找我說的搶匪。

　　唉！我現在去找搶匪也來不及了，他早就逃之夭夭了。

　　三番兩次讓搶匪從我面前溜走，使我的心情非常鬱悶。

　　和搶匪接觸了幾次後，我認為他應該和我一樣擁有超能力，那他的超能力或許不只能穿過牆壁。他也必須學習科學知識才能獲得超能力嗎？他會不會和我一樣，超能力總是突然出現或消失？

　　如果能解開這些祕密，我就能抓到那個搶匪了吧！這樣也能向警察叔叔證明我剛剛說的是實話！

　　「我回來了。」

我大聲的打了招呼，不過沒有人回答我，家裡非常安靜，爸爸和媽媽的戰爭已經結束了嗎？

「多智，你回來啦！」

爸爸無精打采的從房間走出來，看來是被媽媽教訓得很慘。

有氣無力的爸爸讓我看得很心疼。我看看家裡四周，確定媽媽不在家後，決定鼓勵一下爸爸。

「爸爸，可以做點東西給我吃嗎？我好餓，只要是你做的菜，我都會吃得津津有味。」

我想的方法立刻奏效，爸爸的臉上露出燦爛的笑容。

「沒問題！爸爸剛剛去買菜的時候，在路上想到了新菜色，就是芥末海鮮炒飯。」

這個又嗆又辣的菜名，光聽就讓我的肚子突然痛了起來，看來是我的胃在提醒我──禍從口出。

原子是什麼？

　　如果把物質分割再分割，最後會分割到我們看不到也摸不到的物質組成的基本顆粒，它就是「原子」，世界上所有物質都是由原子組成。

　　原子的英文「atom」是由希臘語「atomos」轉化而來，「atomos」在希臘語中是「不可分割」的意思，這也是早期多數科學家的看法，認為原子是不能再被分割的最小單位。

　　直到 1897 年，英國物理學家湯姆森發現了電子，陸續又有其他科學家發現了原子核、質子和中子，現代科學才認定原子是由原子核和帶負電荷的電子組成，原子核裡還有帶正電荷的質子與不帶電荷的中子。

　　爸爸說，從最先提出原子這個概念的西元前五世紀左右，直到 1932 年發現了中子為止，中間經過很多科學家的嘗試與努力，我們現在學習的原子論才終於成

形，但是未來說不定會有其他科學家提出新發現。如果我繼續認真學習科學知識，也許我就是那個科學家喔！

原子如何形成物質？

　　一個或多個原子聚集在一起會組成分子，分子是具有物質特性的最小粒子。即使是相同的原子，只要組成的數量或方式不同，就會組成不同的分子，因此形成不同的物質。

　　一氧化碳（分子式：CO）和二氧化碳（分子式：CO_2）同樣是由碳原子（化學符號：C）和氧原子（化學符號：O）組成，一氧化碳只有一個氧原子，二氧化碳則有兩個氧原子，因此形成不同的物質。

　　水（分子式：H_2O）是由兩個氫原子（化學符號：H）和一個氧原子組成，常用於醫療、工業等用途的「雙氧水」，又稱過氧化氫（分子式：H_2O_2），它也是由氫原子和氧原子組成，但是過氧化氫的氫原子和氧原子各有兩個，所以形成不同的物質。

爸爸說，鑽石和製成鉛筆筆芯的石墨都是由碳原子組成，石墨是由平面結構組成，鑽石則是由立體結構組成，這種狀況稱為「同素異形體」。有趣的是，石墨是最軟的礦物之一，鑽石卻是最硬的礦物。

即使原子的種類相同，只要組成的數量或方式不同，就能形成特性像石墨和鑽石這樣天差地遠的不同物質，真是太酷了！

碳原子（C）　氧原子（O）

　◯　＋　●　＝　◖◗　　　一氧化碳（CO）

　◯　＋　●●　＝　◖◗◗　　　二氧化碳（CO_2）

氫原子（H）　氧原子（O）

　◯◯　＋　◯　＝　◖◗◗　　　水（H_2O）

　◯◯　＋　◯◯　＝　◖◗◗◗　　　過氧化氫（H_2O_2）

事件 3

爸爸的
無敵臭豆腐！

無論是電視或網路，不管切換到哪個頻道或網站，到處都在討論銀行搶案的事。

　　從第一起案件發生到現在，已經過了好幾個月，那個能穿過牆壁的銀行搶匪卻始終沒被抓到，被他偷走的錢已經高達上千萬元，受害的銀行也與日俱增。

　　不管是大人或小朋友，每個人聊天的話題都是關於這名神出鬼沒的搶匪，大家都很害怕自己的錢會被他偷走。

　　每次聽到關於搶匪的事，我都會又氣又不甘心的握緊拳頭。

　　我已經錯過好幾次抓住他的機會了，下次再遇到那個銀行搶匪，我一定要抓住他！那麼爸爸、媽媽和姐姐，還有老師、同學和我喜歡的熙珠，都會以我為榮吧！

　　也許我會因此成為大家的偶像，不分男女老

少，每個人都崇拜我、愛慕我。我最喜歡的熙珠說不定還會對我獻吻！到時候那個討厭鬼江泰烈會是什麼表情呢？肯定很不甘心吧！

光是想像就很開心！

不過沒一會兒，我的心情就迅速跌入谷底。

即使我抓住搶匪，大家知道我擁有超能力後，會不會反而把我當成怪物？害怕被我電擊或被我知道想法，然後每個人都不敢靠近我。或是想知道我為什麼擁有超能力，把我帶去醫院檢查，甚至對我進行可怕的實驗！

不行！我絕對不能暴露自己擁有超能力這件事！如果有需要出動的狀況，我必須換上超級英雄裝，變身為紅衣超人，完成任務後也要如一陣風般迅速消失，而且不能留下任何會讓大家知道我就是紅衣超人的線索。

放學後，我特地繞路到附近的銀行，想運用我可以知道別人想法的超能力，尋找那個可惡的銀行搶匪。

「等著瞧吧！我一定會抓住你！」

我握緊拳頭，下定決心，就在這個時候──

等著瞧吧！我一定會抓住你！

這是誰的想法，透過超能力跑進我腦海裡了？竟然和我想得一模一樣！

我四處張望，附近沒有其他人，路邊只停了一輛汽車，那麼這個想法應該來自那輛車上的人。

我走到那輛汽車旁，偷偷觀察車內的狀況，發現駕駛座上坐了一個滿臉鬍渣，看起來好幾天沒洗澡的男人。

我好像在哪兒看過這個人……對了！是之前在路邊問我，有沒有看過可疑的人的吳金順叔叔！他在這裡做什麼？

我監視這間銀行已經超過一週了，連一隻老鼠

都沒看到！是不是該去監視另外一間銀行了？再讓銀行搶匪繼續為非作歹，我們警察的面子就要掛不住了！

　　原來吳叔叔真的是警察！我當時還懷疑他是不是銀行搶匪假裝的呢！

　　雖然我想問吳叔叔有沒有關於搶匪的線索，但是警察應該不會輕易透露調查的結果。我還是靠自己的力量，慢慢蒐集搶匪的情報吧！

　　我好睏，肚子也好餓！有沒有什麼食物是一吃就能讓人打起精神，而且能送到這裡給我的？

警察叔叔的想法讓我想起爸爸上次煮的「芥末海鮮炒飯」，雖然已經配合我這個小朋友降低了辣度，卻還是讓我辣到狂灌牛奶。

　　爸爸說，這道芥末海鮮炒飯，一入口就能讓人提起精神，嘴巴會噴出火花，眼睛也會閃閃發光。這樣看來，簡直就是最適合現在這位警察叔叔的料理嘛！

　　「真想讓警察叔叔也嚐嚐爸爸煮的芥末海鮮炒飯。」

　　回到家的時候，我發現爸爸沮喪的洗著碗盤，他可能又被媽媽罵了。

　　忽然間，我想到一個讓爸爸和警察叔叔都能打起精神的好方法。

　　「爸爸，你前幾天不是煮了一道很辣的菜給我吃嗎？」

　　「你是說芥末海鮮炒飯嗎？」

　　「我有個朋友很想吃耶！」

　　「真的嗎？」

　　爸爸的眼睛一亮，連袖子被碗盤的水沾溼了也不在意。

　　「我馬上煮給他吃！芥末海鮮炒飯是我為了無精打采的人特地研發的終極料理，保證一入口，就

立刻變得神采奕奕，目光炯炯有神！」

爸爸放下洗到一半的碗盤，把手洗乾淨後，打開冰箱尋找食材，開心的準備煮菜。

雖然說謊不好，不過這是我為了爸爸和警察叔叔所說的善意謊言。看著爸爸興高采烈煮菜的樣子，我的心情也變好了。

過了一會兒，刺鼻的芥末味衝進我的鼻子，站在一旁的我都被嗆到快流下眼淚了，而認真煮菜的爸爸卻完全不受影響，笑容滿面的揮動鍋鏟。

「多智，爸爸特製的炒飯完成囉！你要送去給那位朋友嗎？」

「對啊！爸爸，和我一起去吧！」

「爸爸也要去嗎？」

我對爸爸眨眨眼。「除了我們家的人，我那位朋友是爸爸你的第一位客人，當然要拿出誠意，親自送上餐點囉！」

說到這裡，我突然有點猶豫。雖然警察叔叔的確想打起精神，可是他會喜歡又嗆又辣的芥末海鮮炒飯嗎？請爸爸和我一起去，是想藉著出門走走，讓爸爸轉換心情，但是警察叔叔如果不喜歡芥末海鮮炒飯，爸爸反而會受到打擊，那該怎麼辦？

話都說出口了，我只能見機行事了！

「我說的朋友其實是之前在路上問我，有沒有看過可疑人士的警察叔叔，他叫做吳金順。為了抓住銀行搶匪，他正在附近執行監視任務。」

為了避免爸爸抵達後，發現我口中的「朋友」是警察而大吃一驚，我特地提前說明。

「原來如此。警察執行任務很辛苦，我要煮得豐盛一點！」

說完話後，爸爸在外觀和氣味都已經很驚人的芥末海鮮炒飯上，又擠了一大堆芥末醬。我默默吞了口水，希望警察叔叔的腸胃夠健壯。

我和爸爸一起來到警察叔叔的汽車旁，警察叔叔立刻發現我們。

「有什麼事嗎？」

警察叔叔把車窗玻璃降下了一點，警戒的看著我們。

「這個……」

我的話說到一半就停了下來，因為我忘記找個送餐點來的理由了！一般人都不敢吃陌生人送的食物，何況是警察！

「吳先生，聽說你很想吃我煮的菜，我特別送來給你嚐嚐。」

「看來是我老婆怕我在工作中沒時間吃飯，幫

我訂了外送。」

　　爸爸和警察叔叔的對話讓我目瞪口呆，沒想到這麼輕易就糊弄過去。或許是因為警察叔叔真的很餓，所以爸爸一開口，他就毫不懷疑的接受了。

　　「你為什麼還留在這裡？」

　　看到爸爸沒離開，還站在車旁邊，讓警察叔叔有點不耐煩。

　　「你是我的第一位客人，我想和你一起度過你享用美食的幸福時光。」

　　爸爸雙眼發光，想趕快看到警察叔叔吃他煮的菜的表情。

「隨便你。」

警察叔叔說完話後，盛了一大勺的芥末海鮮炒飯放進嘴裡，沒一會兒，他的眼睛默默流下了兩行眼淚。

「我煮的菜有那麼好吃嗎？」

警察叔叔的反應讓爸爸非常感動，差點跟著一起流淚。看到警察叔叔似乎說不出話來，爸爸立刻拿了一杯飲料給他。

「喝點果汁吧！」

雖然被辣得嘴巴都合不攏，眼淚和鼻涕也不受控制的狂流，但是警察叔叔喝完果汁後，還是大口吃著芥末海鮮炒飯。

「好辣！可是好好吃！我第一次吃到這麼美味的超辣料理，你真是個厲害的廚師！」

看到爸爸和警察叔叔都很開心，我覺得能想到這個兩全其美方法的我真是個天才！

此時，看到警察叔叔汗如雨下，我突然覺得很好奇。

「爸爸，為什麼吃辣的東西會流汗？」

「媽媽之前教過你，人體是靠嘴巴裡稱為『味蕾』的結構來產生味覺，也就是吃出食物的味道。味覺是由甜、鹹、苦、酸、鮮這五種味道組成——

多智，你注意到這句話有什麼問題了嗎？」

「沒有『辣』！」

「對！辣不是一種味覺，而是一種痛覺。人體口腔和皮膚的細胞，與食物中的辣椒素結合後，會產生熱或痛的訊號，人體因此感覺到熱或痛。這個訊號也會傳到汗腺，使汗腺分泌汗水來調節身體的

溫度。

　　另外，吃辣的時候經常『一把鼻涕，一把眼淚』，是因為食物中的辣椒素也會經由口腔和鼻腔的相接處，刺激鼻子和眼睛的神經，讓它們各自分泌鼻涕和眼淚來保護自己。」

　　這時，爸爸的手機鈴聲突然響起，一接通，另一端就傳來在旁邊的我都能聽到的怒吼聲。

　　爸爸一臉驚慌，什麼話都說不出來，直到掛上電話，才轉身對我說：「多智，你媽媽找我，我先走了，剩下就拜託你了！」

　　看著爸爸迅速離開的身影，我想應該是爸爸剛

剛急著煮菜，把廚房弄得亂七八糟，還沒收拾乾淨就和我一起出門。媽媽回家後，看到廚房的慘狀便大發雷霆，要爸爸立刻回去收拾。

看來我最好晚一點回家，才能避開爸爸和媽媽的戰爭。

我敲了敲警察叔叔的車窗。

「什麼事？」

「我要把餐具拿回去。」

「等我一下。」

警察叔叔打開門，讓我到車上等他吃完。當我思考如何趁機打聽銀行搶匪的情報時，警察叔叔突然開口了。

「那個紅衣超人……」

警察叔叔的喃喃自語讓我緊張得心臟怦怦跳，此時，我看到一張報紙被攤開在儀表板上，新聞標題上的「紅衣超人」幾個字用紅筆圈了起來，旁邊還畫了很多驚嘆號。

「紅衣超人怎麼了？」

我努力保持冷靜，好奇的詢問警察叔叔。

「你認識他嗎？」

「我聽過他的傳聞，在新聞節目裡也看過他的報導。」

「原來如此。沒什麼，我只是覺得他和銀行搶匪有共同點。」

「紅衣超人和銀行搶匪？」

「因為他們都能辦到普通人辦不到的事，該不會他們都擁有超能力吧？唉！我怎麼可以對小朋友說這種有的沒有的事，把我剛才說的都忘了吧！」

「好。」

我乖巧的答應了警察叔叔，其實我滿腦子都在想怎麼辦，這樣下去，我會不會被當成銀行搶匪的同夥？

警察叔叔一口接一口的吃著芥末海鮮炒飯，每吃幾口就被辣得呼氣，導致車子裡的玻璃起霧，沒多久就看不到外面了。

「叔叔，玻璃起霧了。」

聽到我的話，警察叔叔立刻打開冷氣。

「因為車子外面的溫度比車子裡面的溫度低，使車子玻璃的溫度也比較低，此時，我因為吃辣而不斷呼出熱氣和水分，它們碰到溫度較低的玻璃會凝結成小水滴，並附著在車子內側的玻璃上，也就是起霧。只要打開冷氣，降低車子裡面的溫度，就可以改善起霧的狀況。

你看過裝著冷飲的杯子，外側的杯壁出現類似

車窗玻璃起霧的情況嗎？那也是因為杯子周圍的空氣接觸到冰冷的杯壁時，空氣中的水蒸氣會因為降溫而凝結成小水滴，並附著在杯壁上。」

原來警察叔叔不只會追歹徒、抓壞人，還擁有豐富的科學知識，讓我非常佩服他。

不過，警察叔叔能大口吃下爸爸煮的菜，而且覺得好吃，這才是我最佩服他的地方。

「除了打開冷氣，還有其他方法能改善車子玻璃起霧的狀況嗎？」

「改善起霧狀況的重點在於減少車子內外的溫度差距，因此升高車子外面的溫度也可以改善起霧的狀況，不過車子外面很寬敞，這個方法在實行上有困難，所以降低車子裡面的溫度比較快。」

這時候，警察叔叔的手機鈴聲突然響起。

「老婆，我吃飽了，多虧你幫我叫外送。你沒有幫我叫外送？那怎麼會有人送食物來，還知道我姓什麼！」

糟糕！我要被警察叔叔懷疑了！

「怎麼回事？誰叫你送食物來給我吃的？」

警察叔叔掛上電話後，立刻懷疑的看著我。

當我還在想藉口時，警察叔叔像是想通了什麼似的。

「應該是同事幫我叫的外送吧！大家都知道我
最近執行監視任務很辛苦。」

　　還好警察叔叔很擅長自己把事情合理化，主動
幫我找到了理由。但是沒一會兒，警察叔叔又懷疑
的看著我。

　　「小朋友，你是不是有什麼話想和我說？」

　　「咦？」

「別裝了！我可是警察，光看表情就能知道你在想什麼。」

我原本想假裝若無其事，可是錯過這個機會，紅衣超人說不定真的會被警察當成銀行搶匪的同夥，我必須採取行動。

「我知道銀行搶匪是誰。」

「你怎麼知道？」

「我……」

我猶豫了很久，到底要不要坦承我擁有超能力，而且就是紅衣超人？可是我不想被大家害怕，也不想被抓去做實驗，最後我還是放棄了。

「對不起，我不能說出原因，可是請你一定要相信我！」

「好吧！你和我說銀行搶匪是誰吧！」

警察叔叔帶著笑意看著我，一點都沒有急著破案的感覺，讓我懷疑他根本不相信我說的話。

「可是叔叔你看起來不太相信。」

「我真的相信啦！」

雖然警察叔叔拍著胸脯保證，我卻在此時透過超能力，知道了他真正的想法。

看來是一個喜歡玩偵探遊戲的小孩，真煩人，趕快打發他走吧！

「很抱歉讓警察叔叔覺得煩人，但是我根本不喜歡玩偵探遊戲！」

因為有點沮喪，我沒有多想就說出這句話，讓警察叔叔驚訝得睜大了雙眼。

「我有說話嗎？還是我有說，但是我沒發現？唉！我就說不能長期執行監視任務，一個人待在車上太無聊，自言自語的狀況都變嚴重了！」

警察叔叔果真很擅長自己把事情合理化，多虧如此，我不用煩惱怎麼解釋超能力的事了。

「小朋友，你趕快回家去玩偵探遊戲吧！」

「叔叔，你一定會後悔！」我生氣的對警察叔叔說。

「難道你真的知道銀行搶匪是誰？」

「不知道啦！」

「快說！」

「反正說了你也不相信！」

我拿了警察叔叔放在儀表板上的餐具，跳下車就頭也不回的走了。

回到家，把餐具收拾完畢後，我打開電視，想看看有沒有關於銀行搶匪的最新消息，剛好新聞節目在報導G銀行也發生搶案，而且根據監視器的畫面，可以肯定犯人就是那個會穿過牆壁的搶匪。

「G銀行就是警察叔叔執行監視任務的地方吧？他知道這個消息後，大概會氣到吐血，居然讓銀行搶匪從他的眼皮子底下溜走。」

雖然覺得這是警察叔叔不相信我的報應，可是想到又讓那個可惡的銀行搶匪得逞了，我就覺得很不甘心。

忽然間，我聞到廚房傳來一股刺鼻的味道，看來爸爸又趁媽媽不在家時偷偷下廚了。

我捏著鼻子，走到廚房。「爸爸，你在煮什麼菜？味道好奇怪！」

爸爸也捏著鼻子，一臉困惑的轉過頭來看我。

「我在煮臭豆腐，可是不應該是這個味道啊！奇怪，我明明沒加什麼特別的東西，怎麼會發出這麼刺鼻的味道？」

煮芥末海鮮炒飯時，對嗆辣的芥末味絲毫不以為意的爸爸，此時也覺得很刺鼻，可見這股味道有多可怕！

「這樣下去可不行！」

爸爸急忙打開家裡的大門和窗戶，想讓味道趕快散掉，但是完全沒有效果。

「慘了！如果你媽媽在這個時候回來，我一定會被她罵到臭頭！」

心急的爸爸拿起除臭噴霧，在家裡一陣亂噴，不過那股刺鼻的味道非常濃烈，還是久久不散，一直瀰漫在空氣中。

　　「爸爸，你太強了！你應該做出了全世界最刺鼻的臭豆腐！」

　　我捏著鼻子，希望自己趕快產生嗅覺疲勞的現象，這樣我才能從這股刺鼻的味道中解放。

　　此時，我突然想到一件事——即使銀行搶匪會穿過牆壁，只要追蹤味道，就可以抓到他！

　　那要用什麼來讓我追蹤味道呢？一定要是會散發出強烈味道的東西，而且那股味道必須非常強烈，這樣即使銀行搶匪跑得再遠，我也可以循著味道找到他。

沒錯，我的眼前就有一個非常適合的東西。

　　「爸爸，可以給我一碗臭豆腐嗎？」

　　「為什麼？」

　　「因為又有人想嚐嚐爸爸的特製料理啊！」

　　有了上次送芥末海鮮炒飯給警察叔叔，並且得到極高評價的經驗，高興的爸爸沒有多問什麼，打包好一碗臭豆腐就拿給我。

　　我一手捏著鼻子，一手提著臭豆腐，立刻衝出家門。

擴散作用

　　在廚房煮的菜、在院子烤的肉,它們的氣味經常飄到房間裡,甚至是附近鄰居的家裡,這是因為物質的分子會自己移動到其他地方,這種分子從濃度高的地方往濃度低的地方移動,並均勻分散的現象,稱為「擴散作用」。

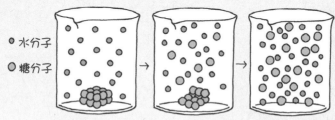

方糖放進水裡會慢慢溶解,糖分子透過擴散作用,與水分子均勻的分散開來。

液態物質的氣味分子在瓶子打開後,透過擴散作用,從濃度高的地方往濃度低的地方移動,因此飄散到空氣中。

　　把茶包放進裝了熱水的杯子裡,原本透明且無味的熱水,會變成有顏色和味道的茶,這也是因為茶葉的分子會透過擴散作用,

從茶包移動到熱水裡，並與水分子均勻的分散開來。其他像是噴在自己身上的香水氣味會被別人聞到、倒入食醋會讓整碗麵都有酸味等，都是擴散作用造成的現象。

影響擴散作用快慢的原因有很多，譬如物質的溫度或濃度越高，擴散作用會越快。此外，不管是氣態、液態或固態的物質，它們的分子都會產生擴散作用，當中以氣態擴散得最快，液態最容易觀察，固態則是擴散得最慢。

爸爸煮的臭豆腐氣味這麼刺鼻，擴散作用應該也很快！糟了，我提著它出門，會不會熏到大家呀？

當我抵達G銀行時，警察正忙著調查現場及盤查人員。仔細一看，我發現警察叔叔也在其中。

「吳叔叔！」

我朝著警察叔叔大喊，他很快就發現我。即使不用超能力來知道想法，我從警察叔叔的表情也能看出他很不耐煩。

警察叔叔的反應讓我有點難過，不過為了抓住銀行搶匪，我只好忍耐，急忙走到警察叔叔面前。

「好臭！這是什麼味道？」警察叔叔立刻摀住鼻子。

我把臭豆腐拿起來給警察叔叔看。「這是我爸爸特製的無敵臭豆腐，是可以抓住犯人的武器。」

「小朋友，你別和我開玩笑了！你知道剛剛又發生了銀行搶案嗎？我們警察急得像熱鍋上的螞蟻，你卻跑來搗亂！居然說要把臭豆腐當成武器來抓住搶匪？惡作劇也要有個限度！」

雖然警察叔叔氣得跳腳，但是我的腦中突然浮現有點耳熟的聲音，讓我顧不得警察叔叔的反應，專心聆聽腦中的聲音。

得手了！我很快就會變成全世界最有錢的人！

是能穿過牆壁的銀行搶匪！我透過超能力，知道過很多次他的想法，所以已經認得他的聲音了！

哈哈哈！警察總是白忙一場！

我提著臭豆腐，迅速跑向聲音的來源。抵達發出聲音的地方後，我突然不知所措，因為這裡的人好多，誰才是搶匪？

裡面都是鈔票，好重！害我連走路都很吃力！

我環顧四周，尋找身上帶著東西的男人。一位上班族提著又方又扁的公事包，一位大哥哥背著看起來很重的背包，一位伯父拿著大大的不透明塑膠袋，還有一位叔叔拖著滾輪式的行李箱。

如果要裝從銀行偷來的大量鈔票，使用行李箱應該比較方便。我想了想，決定去追那個拖著行李箱的男人。

在跟蹤的過程中，雖然不安，但是我努力保持鎮定，觀察眼前這個戴著帽子、穿著大衣的男人的一舉一動，以便看準時機讓他露出馬腳。

由於男人三不五時就回頭看向警察和銀行，沒有發現我已經慢慢靠近他，於是我趁機用腳踢了他的行李箱，想看看他會有什麼反應。

可能是偷錢時很匆忙或緊張，男人的行李箱沒有關緊，被我踢了一腳後，居然從裡面倒出了滿滿的鈔票。

「哇啊！叔叔，你真有錢！」

我用最大的音量說出這句話，警察叔叔和其他警察聽到後，立刻朝我們跑來。

「先生，我是警察，可以請你跟我到警察局走一趟嗎？」

警察叔叔看到滿地的鈔票後，立刻懷疑這個男人可能是銀行搶匪，於是試圖阻止他離開。

行李箱怎麼突然打開了？算了，這些鈔票就留給你們吧！不過你們絕對抓不到我！

男人發出詭異的笑聲後，他的身影逐漸變得模糊，似乎下一秒就會從我們面前消失，讓每個人都嚇得目瞪口呆。

「怎麼回事？」

眼看狡猾的搶匪又要逃走了，充滿正義感的我決定挺身而出——我用力的把整碗臭豆腐潑向男人逐漸消失的身影。

　　好臭！這是什麼東西？

　　雖然搶匪徹底從我們面前消失了，不過我的腦海傳來他驚慌失措的想法，看來臭豆腐成功潑到他身上了。

　　「小朋友，你知道那個男人跑去哪兒了嗎？」

　　警察叔叔著急的問我，但是我忙著聞味道，沒空回答他。

　　「你在做什麼？」

　　「我在聞味道！我把臭豆腐潑到那個男人身上了，跟著味道就可以找到他！」

「等等，我立刻找警犬來幫忙！」

我全神貫注的聞著臭豆腐的味道，並循著味道往前走，警察叔叔和其他警察則默默跟在我身後。沒一會兒，警犬也加入了我們的行列。

不愧是出自煮菜總是很難吃的爸爸之手，無敵臭豆腐的味道不僅刺鼻，還很持久！跟著這股味道，我走進了公園，發現噴水池周圍的味道最濃烈。看來搶匪也發現臭豆腐的味道會暴露他的行蹤，打算用水把自己洗乾淨。

哼哼哼！別小看我爸爸的無敵臭豆腐！那個刺鼻的臭味可不是用水就能洗乾淨的！

也許是小隕石發現我正在執行重要的任務，特地借給我不同的超能力，我的嗅覺能力不僅比警犬好，跑步速度也比大人快！我趁著警察還沒跟上來的空檔，跑到附近的公園洗手間，迅速換上我的超級英雄裝。

看招！

「看招！」

我全速跑向臭豆腐味道

最濃烈的地方，接著把身體縮成和雞蛋一樣的圓弧形，用力撞上去。

「哇啊！」

啪嚓！

雖然看不到那個男人的樣子，不過我感覺自己撞到他了，而且能聽到他發出哀嚎聲，噴水池也有東西掉進去的水花聲。

由於我把身體縮成和雞蛋一樣的圓弧形，超能力因此發動，所以即使用力撞擊搶匪，我也沒有受傷。但是那個男人應該受到極大的傷害，一時之間

無法爬出噴水池。趁著這個空檔，我跑到附近一棵大樹的陰影處，換下紅衣超人的裝扮，再跑回噴水池旁邊。

這時，警察們終於跟上來了。

「警察叔叔，銀行搶匪掉進噴水池了！」

也許是我的撞擊使那個男人的超能力失效了，我和警察們看著他渾身溼透、搖搖晃晃的從噴水池裡爬出來。

「他是剛剛那個男人嗎？」

警察叔叔懷疑的問我，我則很有自信的點頭。

「沒錯，我看到紅衣超人把他撞進噴水池裡，然後就離開了。」

「紅衣超人？」

「先把他抓起來再說吧！」

「也對！」

警察叔叔說完話後，立刻派人把那個男人銬上手銬。

「叔叔，我有一件事拜託你。把他帶回警察局後，請幫我找找看，他身上有沒有一顆小石頭。」

如果那個男人的超能力和我一樣是小隕石賜予的，那麼少了小隕石，他就無法使用超能力，也不能做壞事了。

「怎樣的石頭？」

「和鼻屎一樣大，不方也不圓的黑色石頭。」

也許是抓到銀行搶匪這件事，讓警察叔叔終於放下心中的大石頭，所以他很乾脆的答應我。

「如果有發現，我會立刻通知你。」

雖然衣服換來換去有點麻煩，不過這樣既能隱藏我的真實身分，還可以洗清紅衣超人可能是銀行搶匪同夥的嫌疑。一舉兩得，我真是太聰明了！

我興高采烈的回到家，準備和大家分享我幫警察抓到銀行搶匪的好消息，卻沒看見媽媽和姐姐。這麼晚了，她們怎麼還沒回家？

我走到廚房，發現爸爸正坐在角落哭泣。

「你媽媽和姐姐聞到刺鼻的臭豆腐氣味後，說她們不想待在家裡，還說在味道散掉前，絕對不會回家。爸爸這麼用心的為你們製作料理，為什麼你們不懂我的苦心？」

說完話後，爸爸流下了更多眼淚。

「我覺得爸爸的料理很厲害啊！」

「真的嗎？」

「真的！」

其實我想說的是，多虧爸爸煮的無敵臭豆腐，讓我和警察聯手抓住了銀行搶匪。但是說出這件事

好像會造成反效果，所以我決定保密。而且爸爸絲毫沒發現我是用「厲害」來形容他的料理，而不是「好吃」。

受到鼓勵的爸爸，立刻打起精神，眼睛也閃閃發亮。

「多智，謝謝你！如果連你也無法認同爸爸用心製作的料理，我本來打算放棄當廚師的夢想。聽你這麼一說，爸爸又燃起希望了！」

爸爸感動的哭了。

我也抱著爸爸哭了──我為什麼要自掘墳墓？如果爸爸真的想當廚師，倒楣的肯定是必須試吃那些難吃料理的我！虧我每天都在想阻止爸爸下廚的方法，如果剛剛讓爸爸死心，我不就得救了嗎？嗚嗚嗚！

超能力小百科

水如何變換模樣？

　　警察叔叔說，杯子周圍的空氣接觸到冰冷的杯壁或玻璃時，空氣中的水蒸氣會凝結而形成小水滴。這是我在學校自然課學過的「水的三態變化」，趁這個機會來複習一下吧！

　　物質有三大基本狀態，分別是有固定體積和形狀的固態、有一定體積但沒有一定形狀的液態、沒有固定體積和形狀的氣態。許多物質都有這三態，譬如水的固態是冰、液態是水、氣態是水蒸氣，這就是水的三態。

　　受到冷、熱、壓力等外來作用的影響後，物質的狀態會產生變化，不同的狀態變化過程有不同的稱呼。以水和二氧化碳為例，狀態主要隨著溫度而變化，分別是：

　　從固態的冰變成液態的水，稱為「熔化」。

　　從液態的水變成固態的冰，稱為「凝固」。

　　從液態的水變成氣態的水蒸氣，稱為「蒸發」。

從氣態的水蒸氣變成液態的水，稱為「凝結」。

從氣態的水蒸氣直接變成固態的霜，稱為「凝華」。

從固態的乾冰直接變成氣態的二氧化碳，稱為「昇華」。

媽媽說，生活中還有很多不同狀態變化的例子，改天她會舉例給我聽，我好期待喔！

固態：乾冰
（受熱，昇華）
氣態：二氧化碳

熔化
受熱

固態
（冰、霜）

昇華

遇冷

遇冷

凝固

凝華

凝結
遇冷

受熱
蒸發

液態
（水）

氣態
（水蒸氣）

123

怎麼做才能喝到冷飲？

　　在炎熱的夏天，喝一杯冰涼的飲料是一大享受！可是飲料不冰怎麼辦？只要用家裡都有的「那些東西」，沒有冰箱也可以讓飲料變冰喔！

　　把冰塊放進飲料裡，當固態的冰塊熔化成液態的水時，它會吸走飲料裡的熱，讓飲料變冰。如果先在容器裡放進冰塊，再倒入飲料，冰塊會更快熔化，飲料變冰的速度也更快。

食鹽

好涼！

如果想讓飲料更冰，只要把它裝在容器裡，再放進裝滿冰塊的盆子，接著在冰塊上撒食鹽，飲料就能變得更冰。因為食鹽在融化的過程中，會吸走冰塊裡的熱，冰塊的溫度在熱被食鹽吸走後會變得更低，使飲料也變得更冰。撒的食鹽越多，飲料降溫的速度越快。

　　沒有冰箱、冰塊和食鹽的時候，怎麼做才能讓飲料變冰呢？只要有水、毛巾和電扇就搞定了！先將毛巾沾滿水，再用溼毛巾包住飲料，接著把它們放在電扇前吹風，由於溼毛巾的水很快就蒸發，飲料的熱也會被吸走。今年夏天，我要好好運用這些方法，即使沒有冰箱，也可以享受到冰涼的飲料！

水在固態時的體積會變大？

　　爸爸說過，分子是具有物質特性的最小粒子。在物質狀態變化的過程中，分子不會產生或消失，只是分子間的距離或組成的方式會改變，所以物質的性質並不會改變。

　　對了！前幾天，媽媽教了我很多生活中物質不同狀態變化的例子喔！

狀態變化	例子
熔化	＊把固態的巧克力以隔水加熱的方式，熔化成液態。 ＊冬天時結冰的河水，到了春天會熔化成水。
凝固	＊液態的鐵液在冷卻後，會凝固成固態的鐵塊。 ＊把油放進冰箱裡，會變硬並形成白色的塊狀物。
蒸發	＊溼衣服能晒乾，是因為液態的水蒸發成氣態的水蒸氣。 ＊把湯放在瓦斯爐上一直煮，分量會因為水分蒸發而變少。
凝結	＊裝著冰飲的杯子，外側的杯壁會因為水蒸氣凝結而形成水滴。 ＊洗熱水澡時，牆壁和天花板上會因為水蒸氣凝結而形成水滴。
凝華	＊玻璃窗的表面因為氣溫低而形成冰晶。 ＊水蒸氣在葉子表面凝華成霜。
昇華	＊把樟腦丸放在衣櫃裡，它會越來越小，最後消失。 ＊舞臺上的煙霧通常是由固態的乾冰昇華而形成的氣態。

雖然物質的性質不會因為狀態變化而改變，但是分子間的距離或組成的方式會改變，所以物質所占的空間大小，也就是體積，會跟著改變。同一個物質在固態時的體積通常最小，從固態變成液態會讓體積有某種程度的增加，從液態變成氣態則會讓體積大幅度的增加。

　　不過水在狀態變化時，特性和其他物質有點不一樣。一般物質從液態變成固態時，體積會因為分子間的距離縮小而變小，但是當水從液態變成固態時，每六個水分子會組合成一個六角體，這些六角體不但排列得很整齊，之間的空隙還比水分子原來的空隙大一點，因此當水從液態變成固態，也就是水結成冰的時候，體積反而會增加。

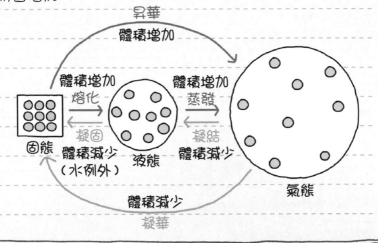

誰才是
銀行搶匪？

我們全家人聚在客廳裡一起看電視，每個頻道的新聞節目都以頭條的方式，播報銀行搶匪終於被抓到的消息，和我一起抓住搶匪的警察叔叔也出現在畫面上。

　　「那個人是爸爸的第一位客人喔！」

　　爸爸認出警察叔叔後，似乎相當與有榮焉。

　　「他說我煮的芥末海鮮炒飯很好吃，還說我是很厲害的廚師呢！不愧是優秀的警察！」

　　雖然爸爸驕傲的說著，但是我、媽媽和姐姐都不以為然的搖頭。

　　警察叔叔似乎是第一次接受閃光燈的洗禮，表情很緊張，動作也很僵硬。他站在大批記者的面前，說明抓到銀行搶匪的過程。

　　「警方已於今日抓到一連串銀行連續搶案的犯人。這次的事件之所以能順利解決，多虧一位機靈的小朋友，以及見義勇為的紅衣超人。」

　　警察叔叔竟然提到我！我立刻豎起耳朵、睜大眼睛認真看新聞。

　　「方便告知那位小朋友的姓名嗎？」

　　「警方知道紅衣超人的真面目嗎？」

　　雖然記者們如連珠炮似的提出問題，但是警察叔叔什麼都沒有透露。

　　從那天開始，社會上掀起了紅衣超人的旋風。在學校，每個人都在討論紅衣超人的消息。百貨商場紛紛舉辦紅色上衣、褲子和面罩的特賣活動。餐廳和電影院推出只要穿戴紅色衣物，就可以打折或抽獎的優惠。藝人上綜藝節目時，都會搭配紅色的服飾。甚至有企業提出懸賞，只要有人知道紅衣超人的真面目，就可以獲得10億元的獎金。

　　紅衣超人的人氣已經沸騰到頂點了！

　　我一邊上網看相關的新聞和評論，一邊幻想如果大家知道我就是紅衣超人，會有什麼反應呢？

此時，我的手機鈴聲突然響起，是警察叔叔！原來是政府要頒獎給抓到銀行搶匪的警察叔叔，他想邀請我參加頒獎典禮。

　　幾天後，為了恭喜警察叔叔獲獎，我們全家人一起到頒獎典禮的會場，臺下坐滿了人，四周還有很多圍觀的群眾。

　　「是我喜歡的偶像團體耶！」姐姐指著不遠處的一群人，興奮的發出尖叫聲。

　　「這裡有好多名人，我們好像有點格格不入。」媽媽似乎覺得很害羞。

　　「多智就是那名『機靈的小朋友』，我們要引以為榮，沒什麼好害羞的！」爸爸挺起胸膛，開心的說著。

　　來這裡之前，我向全家人說了我就是警察叔叔口中的「機靈小朋友」，所以才受邀到頒獎典禮，也說了我協助警察抓到銀行搶匪的過程──當然，我就是紅衣超人這件事還是保密中。

　　「現在就請立下大功的吳金順員警上臺！請各位用最熱烈的掌聲歡迎他！」

　　典禮主持人說完後，臺下的觀眾開始熱烈的鼓掌，就在這時候，有個人急急忙忙的走到主持人身旁說了一句話，接著主持人的臉色突然大變。

「發生什麼事了？」

準備上臺的警察叔叔停下腳步，好奇的詢問。

「很抱歉，頒獎典禮必須終止，因為剛剛收到通知，關在監獄裡的銀行搶匪越獄了！」

「什麼！」我不敢置信的瞪大雙眼。

「怎麼會！」警察叔叔露出驚慌的表情。

臺下的觀眾議論紛紛，此時，突然有人喊了紅衣超人的名字。

「紅衣超人，請你趕快抓住越獄的搶匪！」

「只要有他在，馬上就能搞定！」

「紅衣超人，拜託你趕快現身！」

場面逐漸混亂，警察叔叔為了搞清楚狀況，飛奔回警察局，我也和家人們離開了頒獎典禮會場。

「那個搶匪應該會再次犯案吧？」

「應該會。他到底是怎麼越獄的？」

我們回到家後，爸爸、媽媽正嚴肅的討論銀行搶匪越獄的事，姐姐卻突然插話。

「別擔心，我最愛的紅衣超人很快就會抓住那個銀行搶匪！」

「但是紅衣超人應該不愛你。」

我聽得渾身都起了雞皮疙瘩，趕緊阻止姐姐繼續吐露她對紅衣超人的仰慕之情。

「你怎麼知道？」

「我就是知道！」

因為我就是紅衣超人——雖然我很想這麼說，不過我忍住了。

「你不要沒事就和我作對啦！快去把門關起來，風一直吹進來，好冷喔！」

「一天到晚只會命令人，所以我才說紅衣超人不會愛你！」

「少囉嗦！趕快去把門關上！」

因為確實有點冷，我認命的走去關門，但是我突然想起一件事——

「媽媽，我們回來時，把門關上了吧？」

「是嗎？我不記得了。」

忽然間，我聽到一陣令人毛骨悚然的笑聲，接著一個黑色的人影出現在我面前，讓我嚇得大叫。

「你是誰？」

聽到我的叫聲後，爸爸立刻拿起鞋櫃裡的棒球球棒，媽媽也拿起桌上擺放的陶瓷花瓶，姐姐則用沙發上的坐墊保護自己。

此時，家裡突然陷入黑暗，接著某處閃過一道光，然後除了我，所有人的動作都停了下來。

　　「爸爸、媽媽、姐姐，你們在做什麼？」

　　我一直叫他們，可是他們都像雕像般一動也不動。我的目光移到牆壁上的時鐘，發現竟然連時鐘的指針也不走了！

　　「這是怎麼回事？」

　　當我不知所措的四處張望時，剛才那個人影慢慢的靠近我。

　　「哈哈哈！你很驚訝吧？」

　　我因為害怕而渾身發抖，什麼話都說不出來。

　　「警察抓到我也沒用！因為即使監獄是銅牆鐵壁，我也有辦法脫逃。我還要告訴你一件有趣的事，我可以讓時間暫停，多虧這個能力，我才可以從那個叫做吳金順的警察那裡找到你的資料，再追到你家裡來。」

　　這番話讓我知道，眼前這個人就是越獄的銀行搶匪！我努力讓自己冷靜，用顫抖的聲音問他。

　　「為什麼我還可以動？」

　　「或許是因為你也擁有超能力，所以我的超能力沒有生效。那個警察沒發現，但是我知道——你就是紅衣超人！怎麼可能那麼巧，紅衣超人一撞倒

我，你就出現了！別怪我，是你先招惹我的！」

銀行搶匪說了一連串讓我似懂非懂的話，當我還想問下去時，我突然覺得很冷，不僅全身發抖，還頭昏眼花，連一根手指也動不了。

這時，家裡又閃過一道光，室內恢復光明，時鐘的指針開始走動，爸爸、媽媽和姐姐也可以動了。

「你們沒事吧？」

我擔心的詢問家人們的狀況，不過爸爸竟然用球棒大力揮向我，媽媽將花瓶朝我丟來，連姐姐手上的坐墊也飛了過來。

　　「哇！」

　　我嚇得大叫，好不容易才躲過這一連串的攻擊。

　　媽媽拿起電話，著急的報案。「是警察嗎？我們家有小偷！」

　　我正想問大家為什麼要攻擊我，爸爸的球棒又再次朝我揮來，我來不及躲避，眼前一片空白後，我就失去意識了。

　　當我再次睜開眼睛時，發現自己被關在一個小房間裡，我驚慌失措的四處張望。

「這裡是哪裡？銀行搶匪呢？」

「這裡是監獄，你就是銀行搶匪呀！」

門後傳來熟悉的聲音。

「警察叔叔！」

「我才沒有老到能被你叫叔叔！我們警察絕對不會再犯和上次一樣的錯誤了！這是一座戒備森嚴的特殊監獄，我看你這次怎麼越獄！」

警察叔叔說了一連串我完全聽不懂的話，而且說完就走了，讓我連問他怎麼回事的時間都沒有。

「我是冤枉的！快放我出去！」

我不斷喊叫，可是沒有任何人回答我。

我為什麼會被關進監獄？我做了什麼壞事嗎？我想破頭也想不通原因。不知過了多久，四周的牆壁原本是什麼都看不到的白色玻璃，經由燈光照射後，玻璃反射出我的模樣。

「這是……我？怎麼可能！」

我用力捏了自己的臉，會痛！不是夢！可是玻璃反射出來的人明明不是我，是那個銀行搶匪！

「我叫金多智，我不是銀行搶匪！」

我又哭又叫，還是沒有任何人理會我。

救命啊！我的身上到底發生了什麼事？

國家圖書館出版品預行編目（CIP）資料

超能金小弟3無敵臭豆腐 / 徐志源作；李真我
繪；翁培元譯. -- 初版. -- 新北市：大眾國際書局，
西元2022.1
144面；15x21公分 . -- (魔法學園；5)
ISBN 978-986-0761-23-8 (平裝)

307.9   110019424

魔法學園 CHH005

超能金小弟 3 無敵臭豆腐

作　　　者	徐志源
繪　　　者	李真我
監　　修	智者菁英教育研究所
審　　訂　者	羅文杰
譯　　　者	翁培元

總　編　輯	楊欣倫
執　行　編　輯	徐淑惠
封　面　設　計	張雅慧
排　版　公　司	菩薩蠻數位文化有限公司
行　銷　統　籌	楊毓群
行　銷　企　劃	蔡雯嘉

出　版　發　行	大眾國際書局股份有限公司 大邑文化
地　　　址	22069新北市板橋區三民路二段37號16樓之1
電　　　話	02-2961-5808（代表號）
傳　　　真	02-2961-6488
信　　　箱	service@popularworld.com
大邑文化FB粉絲團	http://www.facebook.com/polispresstw

總　經　銷	聯合發行股份有限公司
	電話 02-2917-8022　　傳真 02-2915-7212

法　律　顧　問	葉繼升律師
初　版　一　刷	西元2022年1月
定　　　價	新臺幣250元
I S B N	978-986-0761-23-8